MATTHES & SEITZ BERLIN

PAPERBACK

Eckhard Fuhr

JAGDKUNDE

Zeitgemäße Betrachtungen
über ein altes Handwerk

Matthes & Seitz Berlin

INHALT

Fröhlich jagen

Ich brauche keinen Wecker. Mein Hund passt auf, dass ich nicht verschlafe. Schon am Abend, als ich meine Jagdsachen zurechtlegte, die alte Cordhose, die Lodenjacke, die Gummistiefel, hatte er gemerkt, was bevorsteht. Wahrscheinlich hat er ebenso unruhig geschlafen wie ich. Es ist Anfang September und um fünf Uhr noch stockdunkel. Bis Tagesanbruch bleibt noch eine gute halbe Stunde Zeit. Dann sollte ich auf dem Hochsitz sein.

Ich wohne im Berliner Stadtteil Prenzlauer Berg. Jagen will ich in den ehemaligen Rieselfeldern von Pankow, also fast vor der Haustür. Auf den Straßen meines Viertels sind am frühen Morgen die letzten Nachtschwärmer unterwegs. Selten ernte ich verdutzte Blicke, wenn ich mit Hund, Fernglas und Gewehr zu meinem Auto gehe. Noch nie bin ich angesprochen oder gar angepöbelt worden, selbst dann nicht, wenn ich meinen Wagen, der leicht als Jägerauto zu erkennen ist, vor dem hell erleuchteten veganen Supermarkt geparkt habe, nicht um zu provozieren, sondern weil die Parkplatznot keine andere Möglichkeit ließ. Berlin ist so voll schräger Gestalten, dass ich offenbar nicht weiter auffalle. Oder könnte es gar sein, dass selbst die hauptstädtischen Szenegänger, denen Wald, Wild und Jagd doch wahrscheinlich eher fremd sind, es als ganz normal empfinden, wenn da einer im Morgengrauen zum Jagen geht?

Um Viertel vor sechs sitze ich auf dem Hochsitz, einer hohen Kanzel, von der ich einen guten Überblick habe über Wiesen, Feldgehölze, Schilfdickichte. Unter mir weiden Heckrinder, rückgezüchtete Auerochsen. Die schwarze Kuh trägt Respekt einflößende Hörner. Das Gelände wirkt ziemlich urtümlich, ist aber das Ergebnis von Landschaftsplanung auf jenen Flächen, auf denen früher die Abwässer Berlins verrieselt und als Dünger für Gemüse verwendet wurden. Für Erholung suchende Städter ist es ebenso attraktiv wie für Wildschweine und Rehe. Fasanenhähne rufen, ein Fuchs geht auf die Mäusejagd, ein Dachs sucht nach Würmern und Schnecken. Das Regiment führen am Ende eines verregneten Sommers frühmorgens hier allerdings die Mücken. Da hilft nur Autan, auch wenn das den Genuss der würzigen Morgenluft erheblich einschränkt. Aber ich bin ja nicht hier, um mit allen Sinnen die Schönheit eines anbrechenden Spätsommertages zu schlürfen. Ich bin zum Jagen hier. Ich will Beute machen.

An diesem Morgen muss ich nicht lange warten. Von der Mönchmühler Straße her – früher verlief nicht weit von hier die Mauer – zieht im ersten Licht eine Rehgeiß mit ihrem Kitz in die Pferdekoppel vor mir. Wenn ich jetzt schieße, dann erst das Kitz und dann die Geiß. So lautet die Regel. Rehkitze sind im September keine weiß gefleckten Bambis mehr. Das Kindchenschema ist kaum noch ausgeprägt. Vor mir habe ich den zartesten Braten, den man sich vorstellen kann. Das Fadenkreuz meines Zielfernrohrs steht ruhig hinter dem Schulterblatt des Kitzes. Den Schuss hört das Kitz nicht mehr. Seine Mutter bleibt nach ein paar Sätzen stehen. Ich habe inzwischen nachgeladen und schieße auch sie tot. Die Abschussquoten bei Rehen sind ziemlich hoch. Will man sie erfüllen, muss man jede Chance nutzen. Außerdem ist es besser, bei einer Jagd viel statt bei vielen Jagden wenig Beute zu machen. Das reduziert den Stress für das Wild, und es wird nicht so scheu. Wenn man zu oft jagt, bekommt man irgendwann überhaupt kein Wild mehr zu Gesicht.

Es wird schon warm. Ich kann mir nicht die Zeit nehmen, von meinem Hochsitz aus zu beobachten, wie die Stadt wach wird. Im Minutentakt schweben Flugzeuge nach Tegel ein. Im Märkischen Viertel brennen längst die Lichter. Der Fernsehturm am Alexanderplatz blinkt in der aufgehenden Sonne. Auf dem Schotterweg hinter mir höre ich die ersten Jogger keuchen. Ich muss die Rehe jetzt aufbrechen, also ausnehmen, und möglichst schnell in die Kühlkammer der Försterei bringen. Zuerst schneide ich das Fell längs an der Unterseite des Halses auf, trenne die Gurgel über dem Kehlkopf ab, löse die Speise- von der Luftröhre und verknote sie, damit der spinatgrüne Panseninhalt nicht auslaufen kann. Anschließend öffne ich vorsichtig die Bauchdecke, ziehe Pansen und Därme zur Seite und zertrenne mit einem langen Schnitt das Brustbein. Nun muss ich nur noch das Schloss, die Beckennaht, öffnen. Dabei ist Vorsicht geboten. Man darf das Wildbret der Keulen nicht zerschneiden. Das würde edle Bratenteile entwerten. Am Ende ziehe ich die gesamten Innereien an einem Stück heraus. Die Leber packe ich in eine Plastiktüte. Die gibt es am Abend mit Apfelscheiben und Zwiebeln. Herz und Nieren nehme ich ebenfalls mit. Den Pansen wird der Hund bekommen. Der Rest ist für die Füchse und Dachse. In der Försterei befestige ich an jedem Reh eine Wildmarke und trage Ort und Zeitpunkt der Erlegung in ein Wildbuch ein. Das Kitz werde ich kaufen, ihm in ein paar Tagen das Fell abziehen und es zerlegen. Seine Mutter wird bald auf der Speisekarte eines Restaurants stehen.

Als ich nach Hause komme, sind die Cafés in der Nachbarschaft schon von Latte-Macchiato-Müttern bevölkert. In technisch hochgerüsteten Kinderwägen brabbeln die Säuglinge. Milchiger Friede liegt über der Szenerie. Ich verberge meine vom Blut noch nicht ganz gereinigten Hände diskret in den Hosentaschen. Wenn die wüssten, was ich gerade getan habe, geht es mir durch den Kopf. Ja, was wäre dann? Was würde ich denn antworten, wenn eine dieser jungen Mütter mich zornig funkelnden Blickes fragte, ob ich nichts Besseres zu tun hätte, als eine Rehmama und ihr Kind zu ermorden? Nein, müsste ich antworten, das sei wirklich das Beste, was man tun könne. Und ich würde hinzufügen: Niemand liebte Rehe mehr als ich, lebende ebenso wie gebratene.

Ich töte nicht gedankenlos. Mir ist klar, dass ich nicht auf biomechanische Automaten schieße, sondern auf Lebewesen, zu denen der Mensch in den Jahrtausenden seiner Kulturgeschichte eine innige Beziehung entwickelt hat. Die Jagd ist ein Teil dieser Geschichte. Ein Gang ins nächste kulturhistorische Museum führt das anschaulich vor Augen. Ich bin mit vielen Tieren groß geworden, mit solchen, die nur zum Liebhaben da waren, und solchen, die auch gegessen wurden. Als

Junge gründete ich einen »Tierschutzverein« und prangerte mit selbst gemalten Plakaten das Leid von Kettenhunden an. Ich schlachtete aber auch unsere Hühner. Ich versuchte, aus dem Nest gefallene Vögel großzuziehen und schoss, was damals noch erlaubt war, mit dem Luftgewehr die Stare aus den Obstbäumen. Ich empfand meine große Empathie für Tiere und meine frühe Gewöhnung daran, sie zu töten, nie als Widerspruch. Daran hat sich nichts geändert.

Ein Leben ohne Tiere empfände ich als arm. Ich suche ihre Nähe. Wenigstens mein Hund muss immer greifbar sein, sonst fehlt mir etwas. Die Gerüche der Tiere schmeicheln meiner Nase. Wildschweine riechen nach Maggi, Füchse nach Gewürznelke und Hirsche in der Brunft nach Moschus. Die Schönheit der Tiere macht mich oft sprachlos. Ich bewundere ihre Schläue, ihre Überlebenskunst. Ihr Fleisch esse ich gern. Deshalb töte ich manchmal eines.

Das mag nun manchem zu abgeklärt klingen. Gibt es da nicht die Jagdpassion, den Beutetrieb, den Nervenkitzel, die Lust am Töten? Ich gebe zu: Jagd ist aufregend. Ein wild lebendes Tier zu erbeuten ist etwas anderes, als eine alte Henne mit dem Hackebeil in ein Suppenhuhn zu verwandeln. Auch nach vielen Jahren habe ich manchmal noch mit dem Jagdfieber zu kämpfen. Pulsfrequenz und Adrenalinspiegel steigen, wenn sich jagdbares Wild zeigt. Das Schießen verlangt Selbstbeherrschung. Wenn man vor Aufregung zittert und das Fadenkreuz mit jedem Pulsschlag wild auf dem Ziel herumhüpft, sollte man es sein lassen. So schlimm ist es zum Glück selten. Ich schaffe es meistens, die nötige

Ruhe zu bewahren. Mit den Jahren gewinnt man Routine. Wenn das tote Reh oder Wildschwein gefunden ist, merke ich aber doch, wie groß die Anspannung war. Das Gefühl der Erleichterung und der inneren Zufriedenheit können einen dann über lange Strecken grauen Alltags tragen.

Zur philosophischen Jagdfolklore gehört die Idee, dass der moderne Jäger tief in den Brunnen der Menschheitsgeschichte hinabsteige und in ein archaisches Triebgeschehen eintauche, was ihm Heilung von allen möglichen Zivilisationsgebrechen verschaffe. Der spanische Philosoph José Ortega y Gasset hat mit seinen »Meditationen über die Jagd« diesen Topos vor siebzig Jahren äußerst wirksam in die Welt gesetzt. Die Heerschar seiner Epigonen in der jagdphilosophischen Literatur schreibt es ihm nach. Ich widerspreche der Behauptung, dass die Jagd ein emotionaler Ausnahmezustand und gewissermaßen ein Urlaub von der modernen Zeitgenossenschaft sei. In meinen Augen ist sie ein Handwerk, das eng mit der Land- und Forstwirtschaft verbunden ist und von jedem gelernt werden kann. Man muss dazu nicht auf irgendeine geheimnisvolle Weise berufen sein. Wer die Jagd ernst nimmt, ist allerdings rund um die Uhr Jäger, auch wenn er gerade nicht jagt. Er sieht die Landschaft mit anderen, eben mit Jägeraugen. Wenn sie auf einer Zugfahrt vorbeirauscht, entgeht mir kein Reh, und Mitleid mit dem Jagdpächter steigt in mir auf beim Anblick umgegrabener Viehweiden. Das waren die Wildschweine. Es wird teuer für den Jäger.

Nichtjäger geben sich leicht mit der Erklärung zufrieden, die Jagd sei ein wunderbarer Ausgleich für den

Stress des modernen Berufslebens. Kraft tanken im Morgengrauen, Abspannen im Abendrot. So ist es nicht. Oder das ist nicht alles. Wenn es mir um Erholung in der Natur ginge, würde ich Golf spielen, wenn ich mich mit diesem Sport anfreunden könnte, was mir schwerfiele. Einen kleinen Ball durch eine weite Landschaft jagen, die ausschließlich zum Spielen da ist – das ist für mein im Kern bäuerliches Gemüt fast eine Beleidigung. Jagd dagegen ist Sinn schlechthin. Sie ist die Urform der Arbeit. Jagen ist keine Neben-, sondern eine Hauptsache.

Gejagt wird in Deutschland überall außerhalb geschlossener Ortschaften. Das Netz der Jagdbezirke – darauf kommen wir noch ausführlich – ist nahezu lückenlos. Für jeden Jagdbezirk wird von den Jagdbehörden der Landkreise und kreisfreien Städte ein Abschussplan festgesetzt, der erfüllt werden muss. Er gilt für Rehwild, das überall vorkommt, und für die anderen, nur in bestimmten Gebieten vorkommenden Schalenwildarten (das sind die Huftiere) wie Rotwild, Damwild oder Muffelwild. Für Wildschweine werden keine Quoten festgelegt. Sie müssen überall so bejagt werden, dass die Schäden in der Landwirtschaft möglichst gering bleiben. Das heißt, man muss so viele wie möglich schießen. Es gibt also so etwas wie eine Jagdpflicht. Und neben der Land- und Forstwirtschaft bestimmt die Jagd nicht unerheblich das Aussehen unserer Landschaft. Die forstlich überall angestrebte Umwandlung von Nadelholzmonokulturen in Mischwälder zum Beispiel gelingt nur, wenn Rehe und Hirsche mit der Büchse kurzgehalten werden. In den Maisdschungeln, die im Zuge der Energiewende immer größere Flächen beanspruchen, müssen Schussschneisen angelegt werden, um die Wildschweine zu dezimieren. Diese Schneisen können zu blühenden Bändern der Artenvielfalt in der Maiswüste werden. Ich komme vom Land, ich lebe und arbeite zurzeit in der Stadt. Die Jagd ist die Nabelschnur, die mich mit meiner Herkunft verbindet. Durch sie erfahre ich, was auf dem Land, in der Land- und Forstwirtschaft geschieht. Das dürfte eigentlich keinem mündigen Staatsbürger gleichgültig sein, denn es entscheidet über die künftigen Lebensmöglichkeiten, auch des urbansten Postmaterialisten und Internetbewohners.

Nicht nur für den einzelnen Jäger ist die Jagd also mehr als eine Nebensache. Sie ist für die gesamte Gesellschaft von einiger Relevanz, was auf dem Land den meisten noch klar ist, in den Städten aber in Vergessenheit zu geraten droht. Viele Städter sehen in der Jagd einen absterbenden Zweig der Folklore, dem man keine Träne nachweinen muss. Leider präsentieren sich die Jäger manchmal auch so, dass sie dieses Fehlurteil geradezu herausfordern. Manche gefallen sich in der Rolle der letzten Mohikaner echter Naturverbundenheit und klagen über den Niedergang des edlen Weidwerks. Aber erstaunlicherweise vermehren sich die Mohikaner. Es gibt heute rund 380 000 Jäger in Deutschland, mehr als je zuvor. Sie erlegen so viele Rehe, Wildschweine und Hirsche pro Jahr wie noch nie, seit es eine Jagdstatistik gibt. Die Jahresstrecken dieser Wildarten betragen ein Mehrfaches dessen, was vor dem Krieg auf dem Gebiet des Deutschen Reiches erlegt wurde, zu dem jägerische Traumländer wie Ostpreußen, Pommern oder Schlesien gehörten. Milde Winter, üppiger Stickstoffeintrag, die großen Sturmschäden der vergangenen Jahrzehnte und die Nachfolgevegetation in zusammengebrochenen Nadelholzbeständen, die explosionsartige Zunahme des Maisanbaus – all das hat die Lebensbedingungen der wild lebenden großen Pflanzenfresser optimiert. Wahrscheinlich ziehen heute so viele Huftiere durch Deutschlands Feld und Flur wie noch nie in der Geschichte. Auch manche Vogelarten profitieren von der intensiven Landwirtschaft. Wildgänse und Ringeltauben fallen wie Mückenschwärme in die Felder ein. Der Fuchs hat als kleiner Räuber längst Gesellschaft von Waschbär und Marderhund bekommen. Und die großen Räuber, der Wolf, der Luchs, der Bär, sie kommen wieder, ob wir wollen oder nicht. Das soll man Niedergang nennen? Die Jagd hat kein Problem mit dem Mangel, sondern mit der Fülle. Es gibt gar nicht genug Jäger, um all die Erwartungen zu erfüllen, die an die Jagd gestellt werden, wenn es darum geht, die Probleme zu lösen, die eine hohe Wildtierdichte in einem dicht besiedelten und größtenteils land- und forstwirtschaftlich intensiv genutzten Industrieland nun einmal bereitet. Aber dass es so viel Wild gibt, kann doch kein Grund für Traurigkeit oder gar Untergangsstimmung sein. Es ist ein Anlass, fröhlich zu jagen.

Viele Menschen nehmen die Natur nur noch als sterbende Schönheit wahr. Interessant ist für sie nur, was vom Aussterben bedroht ist. Das Attribut »vom Aussterben bedroht« klebt auch an manchen inzwischen wieder weitverbreiteten Tierarten, zum Beispiel dem Fischotter oder der Wildkatze. Wer nur bedrohte Arten kennt, der hält es schon für einen Frevel, in der Natur überhaupt etwas anzufassen, sich etwas anzueignen, die Natur zu nutzen. Beim Jagen macht man die tröstliche Erfahrung, dass »die Natur« kein kümmerndes Pflänzchen ist, das gehätschelt werden muss. Was immer der Mensch in ihr anrichtet, sie findet immer wieder Antworten, die uns überraschen und vor neue Herausforderungen stellen. Die Jagd, meine grüne Leidenschaft, hat eine große Zukunft.

ERSTES KAPITEL

Der Jagdschein

Er ist nicht alles. Aber ohne ihn ist alles nichts. Lindgrün ist das 16 Seiten starke Heftchen im Oktavformat. Nichts daran ist vom Computer lesbar, nirgendwo findet sich ein Chip. Stolz hält sich der Jagdschein abseits von der Masse der Bank-, Kredit- und Krankenversicherungskarten, die furchtbar bunt sein müssen, damit sie sich voneinander unterscheiden. Sie sind alle nur Datenträger, die erst dann etwas zu sagen haben, wenn sie über ein Lesegerät an eine ferne, große, unheimliche Datenbank angeschlossen sind. Für sich sprechen die Plastikkarten nur sehr wenig. Sie dienen ausschließlich dem Zweck, die Individualität ihrer Besitzer digital zu verflüssigen und sie in die Netzwerke der Informations- und Überwachungsgesellschaft einzuspeisen. Je mehr Kärtchen einer besitzt, desto tiefer steckt er drin. Die eigentlichen Personaldokumente, Personalausweis und Reisepass, tragen stofflich zwar noch deutlicher etwas von der Würde und Einzigartigkeit des Individuums in sich. Doch auch sie unterliegen dem Trend zur Miniaturisierung und Digitalisierung. Der »Perso« ist schon beim Scheckkartenformat angelangt. Mein alter, noch nicht geschrumpfter gilt glücklicherweise noch einige Jahre. Irgendwann wird der Personalausweis zum Chip werden, der jedem Neugeborenen hinterm Ohr appliziert wird. Das erlebe ich hoffentlich nicht mehr. Auch der Pass ist schon kleiner geworden und in seinem Kernbestandteil nur noch ein Kunststoffdatenträger. Nur weil die Staaten es noch nicht aufgegeben haben, dem Reisenden Marken ihrer Souveränität in die Papiere zu drücken, weil also an den Grenzposten der Vereinigten Staaten, Russlands oder Burkina Fasos hingebungsvoll gestempelt wird, ist der Reisepass noch aus hoheitlichem Papier mit Wasserzeichen und allem Drum und Dran. Der Jagdschein aber besteht ausschließlich aus diesem Stoff. Er ist ein echtes Dokument, eine Urkunde, ein Produkt administrativer Handarbeit. In den Jagdschein werden die einschlägigen Verwaltungsakte hineingeschrieben – oft noch per Hand – und gestempelt. Mein erster 1993 von der Stadt Frankfurt am Main ausgestellter und fünf Mal um je drei Jahre verlängerter Jagdschein hat im Laufe seines Lebens zwölf Siegel unterschiedlicher Herkunft und Größe aufgenommen. Mit dem Hessischen Löwen bestätigt der Frankfurter Oberbürgermeister, dass das Passfoto den Jagdscheininhaber zeigt, mit dem Bundesadler besiegelt er die Gültigkeit des Scheins, denn der ist ein Bundesdokument und die Stadt handelt nur in Vertretung. In Berlin ist der Polizeipräsident für die Ausstellung und Verlängerung der Jagdscheine zuständig. Er führt den Bären im Siegel. Besiegelt wird nicht nur die Verlängerung der Gültigkeitsdauer. Auch jede Adressänderung ist einen Stempel wert. Und dann gibt es da noch die Rubrik, in die die Flächen eingetragen werden, auf denen dem Jagdscheinbesitzer als Eigentümer, Pächter oder Inhaber eines entgeltlichen Erlaubnisscheines, also nicht bloß als Jagdgast, die Ausübung der Jagd zusteht. So kommt das südhessische Dorf Groß-Rohrheim nicht nur als mein Geburtsort zu einem ehrenvollen Platz in meinem Jagdschein, sondern auch als der Ort, an dem ich die längste Zeit jage. Seit vielen Jahren bin ich Mitpächter eines der beiden Groß-Rohrheimer Jagdbezirke, in die sich die Gemarkung unterteilt. Das Revier ist 948 Hektar groß. Da wir vier Pächter sind, wird mir aber nur ein Viertel angerechnet, 237 Hektar. Auf mehr als 1000 Hektar darf kein einzelner Jäger das exklusive Jagdausübungsrecht haben. All das steht im Jagdschein. Wenn man ihn zu lesen versteht, erkennt man in ihm geronnene Sozial- und Rechtsgeschichte. Auf den letzten Seiten gibt der Jagdschein einen Überblick über die Jagd- und Schonzeiten der einzelnen Wildarten nach der entsprechenden Bundesverordnung und über die Abweichungen, die in dem Bundesland gelten, in dem der Schein ausgestellt wurde. Das kann die manchmal etwas umständliche Ansage der sogenannten Freigaben vor einer Jagd – welches Wild darf geschossen werden? – ungemein verkürzen. »Frei ist alles, was der Jagdschein erlaubt«, sagt der Jagdleiter dann.

Was erlaubt nun so ein Jagdschein? Was unterscheidet einen Menschen mit von einem Menschen ohne Jagdschein? Im Volksmund heißt »einen Jagdschein haben«, dass jemand nicht ganz dicht ist. Das geht auf den alten Paragrafen 51 im Strafgesetzbuch zurück, der von der Schuldunfähigkeit bei geistiger Unzurechnungsfähigkeit handelte. Wer unter diesen Paragrafen fiel, so die volkstümliche Interpretation, der konnte sich alles erlauben, er hatte freie Büchse, einen Jagdschein also. Das ist nicht nur eine sehr verkürzte Deutung des Rechtsbegriffs der Schuldunfähigkeit. Es verkennt auch grundlegend, welche Rechte sich aus einem Jagdschein ableiten. Von freier Büchse kann keine Rede sein. Der Jagdschein ist eine notwendige, doch keine hinreichende Voraussetzung zum Jagen. Zu ihm muss die Erlaubnis kommen, in einem bestimmten Gebiet zu jagen. Die Frage, wie der Jäger aus dem Reich der Möglichkeit ins Reich der Wirklichkeit tritt, wie er Zugang zur Jagd bekommt, wie er Einfluss, Macht und Verantwortung in Wald und Feld gewinnt und in welche Interessengegensätze er dabei gerät, das ist der Glutkern aller Jagdgeschichte und Jagdpolitik. Mit dem Jagdschein ist man erst einmal nur ein potenzieller Mitspieler auf diesem konfliktreichen Feld.

Aber das allein schon genügt, den Menschen, der aus der Masse der Nichtjäger in den Kreis der Jagdscheininhaber eingetreten ist, zu verwandeln. Jagdscheininhaber sind zum Beispiel meistens zu warm angezogen und tragen verhältnismäßig derbes Schuhwerk, als wollten sie sich und der Welt zeigen, dass sie jederzeit für ein Leben jenseits von kommoder Zimmertemperatur und gepflegtem Teppichboden gerüstet sind. Im Straßenverkehr stellen sie eine Gefahr für sich und andere dar, weil sie beim Autofahren aus den Augenwinkeln jeden Hochsitz, jedes am Straßenrand äsende Reh und jeden Flug Wildgänse registrieren, der keilförmig seinen Schlafgewässern oder den Feldern mit frischer Wintersaat zustrebt. In der Familie kann der Jagdscheininhaber zum schweren Problemfall werden. Nicht nur, dass er auf eine für die Angehörigen provokante Art und Weise über den Niederungen des Alltags schwebt und sich an Gesprächen über Schulprobleme der Kinder oder Ärger mit den

Nachbarn meist nur mit überlegenem Lächeln und wissendem Schweigen beteiligt, als wären das bloß Kleinigkeiten. Er beginnt auch, das häusliche Umfeld in einer Weise umzuwandeln, die dem nicht jagenden Teil der Familie das Äußerste an Toleranz abverlangt. Wir reden jetzt nicht von den Rehbockgehörnen, Keilerwaffen und Gamskrucken, die er ja erst noch erbeuten muss, bevor er damit der Wohnung ein neues, unverwechselbares Gepräge geben kann. Schon indem er die Voraussetzungen für solche Jagderfolge schafft, führt der Jagdscheininhaber Dinge in den Haushalt ein, an die Frau und Kinder nicht im Traum dachten. Das beginnt mit Flinte, Büchse und einem Waffenschrank, für den erst einmal ein Platz gefunden werden muss, und hört mit Jagdmessern, Wildwannen, Aufbruchzangen, Rehlockern und allerlei signalfarbenen Kopfbedeckungen nicht auf. In den Katalogen der Jagdausstatter, die den Briefkasten des Jagdscheininhabers verstopfen, entdeckt dieser immer neue Sonderangebote von olivgrünen oder gedeckt karierten Hemden mit Plastikknöpfen in Hirschhornanmutung, Moleskin-Bundeswehrhosen, Naturkautschuk-Gummistiefeln, Wildbergehaken, Rucksäcken mit integriertem Hocker, Stiefelheizungen und chemischen Handwärmern. Die Kinder finden es irgendwann nicht mehr lustig, wenn für ihren Jagdschein-Vater jeden Tag Weihnachten ist. Neid nagt am familiären Frieden. Der Jagdscheininhaber muss jetzt schleunigst beweisen, dass das viele Geld für all das Zeug, das er herbeischafft, sinnvoll investiert ist. Er muss Beute nach Hause bringen und den Seinen ein Mahl bereiten, wie sie noch keines hatten. Wenn die Kinder sich beklagen, dass es schon wieder Rehkeule oder Wildschweinrücken gibt, dann ist die familiäre Reintegration des zum Jäger gewordenen Jagdscheininhabers ein gutes Stück vorangekommen. Es gibt wieder Hoffnung.

Der Tag, an dem ich die Jägerprüfung bestand und damit die wichtigste Bedingung für das Lösen des ersten Jagdscheines erfüllte, erscheint mir rückblickend wie eine Lebenswende. Die Jagd ist zu einem zentralen Teil meines Lebens geworden. Inzwischen bestimmt sie direkt oder indirekt nicht unerheblich auch meine schriftstellerische Berufsarbeit. Weder das Abitur noch die Universitätsexamen versetzten mich in ein solches Hochgefühl wie das Bestehen der Jägerprüfung. Sie war das einzige Examen, bei dem ich ernsthaft mit dem Risiko des Durchfallens konfrontiert war. Nie aber auch hat mir die Vorbereitung auf eine Prüfung so viele neue Wissensgebiete erschlossen. Manche Leute machen die Jägerprüfung, obwohl sie ernsthaft gar nicht jagen wollen. Es geht ihnen allein um das Wissen, um den vielfältigen Stoff, der nirgendwo sonst so konzentriert geboten wird und verarbeitet werden muss wie in der Vorbereitung auf das sogenannte Grüne Abitur. In der Schule jedenfalls erfährt man heute wenig oder nichts über die Zoologie unserer wild lebenden Säugetiere und Vögel, nicht nur jener, die zum jagdbaren Wild gehören. Auch Land- und Forstwirtschaft gehören nicht mehr zum Kanon der Allgemeinbildung. Der angehende Jäger muss sich darüber hinaus in den Rechtskreisen auskennen, die sein künftiges Tun berühren, also im Jagdrecht, im Forstrecht, im Naturschutzrecht, im Waffenrecht, im Lebensmittelrecht. Er muss entscheiden können, ob ein erlegtes Wild genusstauglich ist oder erst noch einer veterinärmedizinischen Fleischuntersuchung zu unterziehen ist. Im Fach Jagdbetrieb geht es um Jagdmethoden und Jagdeinrichtungen wie Hochsitze, Pirschwege oder Wildäcker, um Sicherheitsvorschriften und die Organisation von Treib- und Drückjagden. Die Ausbildung und das Führen von Jagdhunden gehören ebenso zum Stoffpensum wie die Grundzüge der Schusswaffentechnik. Und natürlich: Nichts geht ohne eine gründliche Schießausbildung an jenen Waffen, die bei der Jagd eingesetzt werden. Das ist die Flinte für den Schrotschuss auf bewegliche Ziele wie Hasen, Kaninchen oder Enten. Das ist die Büchse für den Kugelschuss auf Reh, Hirsch oder Sau. Und das sind auch die Pistole oder der Revolver für den Fangschuss auf verletztes Wild aus kurzer Entfernung.

Die meisten Kandidaten fallen beim Schießen durch. Sie brauchen dann zum theoretischen und praktischen Teil der Prüfung nicht mehr anzutreten. Bei der Theorie sind etwa hundert Fragen aus den verschiedenen Fachgebieten im Multiple-Choice-Verfahren zu beantworten. Im praktischen Teil sind Tiere, Pflanzen, Federn, Eier, Skelettteile oder Fährten zu bestimmen. Die wichtigsten Jagdsignale müssen erkannt werden. Und noch einmal geht es um die Sicherheit beim Umgang mit Waffen. Wer aufgefordert wird, einen Hochsitz zu besteigen, und vergisst, den Drilling zu entladen, bevor er den Fuß auf die erste Leitersprosse setzt, der kann nach Hause gehen. Im Einzelnen unterscheiden sich die Prüfungsanforderungen von Bundesland zu Bundesland geringfügig. Aber die Prüfung wird im ganzen Bundesgebiet anerkannt, wie ja auch der Jagdschein, anders als etwa in Österreich, bundesweit Gültigkeit hat. Das einheitliche »Recht der Jagdscheine« ist die einzige Kompetenz, die der Bund sich bei der Föderalismusreform von 2006 in Sachen Jagd noch vorbehalten hat. Ansonsten ist das Jagdwesen vollständig in die Zuständigkeit der Länder übergegangen. Es gibt zwar noch das Bundesjagdgesetz als Rahmengesetz, doch können die Länder – bis eben auf den Jagdschein – beliebig davon abweichen. Und langsam beginnen sie, Gebrauch von diesem Recht zu machen.

In den meisten Bundesländern ist die Teilnahme an einem Vorbereitungskurs für die Jägerprüfung Pflicht. Es ist genau vorgeschrieben, wie viele Stunden theoretischen und praktischen Unterrichts er umfassen muss. Früher musste in manchen Ländern der Neuling sogar eine Art »Lehrzeit« bei einem Revierinhaber, dem sogenannten »Lehrprinzen«, absolvieren. Davon ist man abgekommen, weil ein solch patriarchalisches Institut der gesellschaftlichen Realität kaum mehr entspricht. Immer mehr »Jungjäger« sind schon reif an Jahren, stehen im Beruf und haben selbst Kinder im Lehrlingsalter. Sie nähmen sich unter der Fuchtel eines Lehrherrn ein bisschen merkwürdig aus. Konservativen Jägern ist diese Entwicklung nicht geheuer. Sie fürchten, der Nachwuchs werde nicht mehr im rechten Geist des deutschen Weidwerks erzogen. Sie beklagen den Traditionsverlust und haben dabei aus ihrer Sicht nicht ganz Unrecht. Für die Jagd muss es allerdings kein Schaden sein, wenn Jäger heranwachsen, denen die Bräuche und Gewohnheiten der Altvorderen nicht ehernes Gesetz sind.

Ein Jahr etwa dauern die Kurse, die von den Kreisjagdvereinen oder Kreisjägerschaften angeboten werden. Zwei Abende in der Woche und den Samstag muss man sich dafür freihalten. Dass man darüber hinaus in jeder freien Minute büffelt und seinen »Blase« oder seinen »Krebs« – das sind zwei der klassischen Lehrbücher – so gut wie auswendig lernt, wird vorausgesetzt. Den Ausbildungsmarkt beherrschten jahrzehntelang die Organisationen der Jäger. Er war also eigentlich kein Markt, sondern ein *closed shop*, ein korporativ abgeschirmtes Feld. Seit einigen Jahren aber erwächst den Jagdvereinen eine immer stärker werdende Konkurrenz in privaten Jagdschulen, die ihr Angebot der knappen Zeit ihrer Kunden anpassen. Sie sind wie Pilze aus dem Boden geschossen. Auf seitenlangen Anzeigenstrecken bieten sie ihre Dienste in den Jagdzeitschriften an. Der Klassiker ist der Drei-Wochen-Kompaktkurs. Es werden auch »Manager-Kurse« angeboten, in denen der Stoff viel beschäftigten Führungspersönlichkeiten in noch kürzerer Zeit eingetrichtert wird. Die Traditionalisten unter den Jägern sehen das natürlich mit Schauder. Solche Schulen brächten höchstens Jagdscheininhaber, aber niemals Jäger hervor, sagen sie. Damit mögen sie Recht haben. Doch geht es auch bei dem, der ein rechter Jäger werden will – was das sei, darüber gehen die Meinungen heute immer weiter auseinander – nun einmal zuerst um den Schein, der alles Weitere eröffnet. Und die Prüfung, die zum Schein führt, die ist für alle dieselbe. Niemand bekommt in einer Jagdschule den Jagdschein geschenkt. Jagdschulen versuchen, ihren Schülern möglichst attraktive Lernbedingungen zu bieten. Die meisten verfügen über ein eigenes Revier, viele über einen eigenen Schießstand. Geleitet werden diese Jagdschulen oft von Berufsjägern oder Förstern. Auch bei den Dozenten wird auf Professionalität geachtet. Man bekommt also einiges geboten für die 2500 bis 3000 Euro, die für einen Kompaktkurs zu zahlen sind. Hinzu kommen die Kosten für Unterkunft und Vollpension in meist exquisiten Immobilien, vor allem im Osten. Manches Herrenhaus in Mecklenburg-Vorpommern ist als Jagdschule zu neuem Glanz gekommen. Dort können der angehende Jäger oder die angehende Jägerin den Kurs mit einem Familienurlaub verbinden. Die Kinder lernen reiten, während Mama oder Papa sich in die Zahnformeln von Dachs, Mauswiesel und Fuchs vertiefen, Rollhasen erlegen oder versuchen, den laufenden Papp-Keiler aufs Blatt zu treffen. Die Jagdvereine haben solches in der Regel nicht zu bieten. Dafür kostet die Ausbildung auch nur halb so viel wie in den Jagdschulen. Die allerdings scheinen das Zukunftsmodell zu sein. Deshalb gehen nun auch die Landesjagdverbände dazu über, eigene Jagdschulen zu unterhalten. Das Jagdausbildungsgewerbe ist eine Wachstumsbranche.

Ich habe mir mein Prüfungswissen noch auf die herkömmliche Weise in den Hinterzimmern von Vereinslokalen erworben, in denen ausgestopfte Bussarde den Geruch von Mottenpulver verströmten. Das hatte durchaus etwas Heimeliges. Es war die Zeit, in der in meiner journalistischen Berufswelt gerade der Computer Einzug hielt und das Schreiben und Redigieren zur Bildschirmarbeit wurde. Der Jägerkurs war das Kontrastprogramm zur schönen, neuen Redaktionswelt. Hier saßen Bankangestellte und Handwerker, Studenten und Hausfrauen, Lehrerinnen und Polizeibeamte und schrieben sich Merksätze in ihre Hefte. Und am Wochenende trafen sie sich auf dem Schießstand oder nagelten im Wald Hochsitze zusammen, sammelten Kotpillen von Reh und Hirsch, lernten Fichten von Tannen, Buchen von Hainbuchen und die verschiedenen Ahornarten zu unterscheiden. Im Herbst und Winter krochen sie als Treiber durch die Dickungen und schleppten die erlegten Wildschweine zu den Waldwegen. Langsam kamen sie ihrem Ziel näher. An die Prüfung selbst habe ich kaum noch Erinnerungen. Ich weiß, wie erleichtert ich war, als der fünfte Rollhase auf den zweiten Schuss hin doch noch umkippte. Hätte er das nicht getan, wäre ich durchgefallen und möglicherweise nie Jäger geworden. Wer weiß, ob ich die Energie aufgebracht hätte, ein ganzes Jahr zu warten und einen zweiten Anlauf zu unternehmen. Vielleicht war es ein Glückstreffer, der meinem Leben eine entscheidende Wendung gab.

ZWEITES KAPITEL

Das Gewehr

Mit dem Jagdschein kann man nicht einfach in den Wald gehen und jagen. Aber man kann in ein Waffengeschäft gehen und ein Gewehr kaufen, das wichtigste Handwerkszeug des Jägers. Das ist in Deutschland ein großes und höchst umstrittenes Privileg und unterscheidet den Rechtsstatus des Jägers, anders als in Amerika und auch den meisten europäischen Ländern, markant von dem der Nichtjäger. Zwar können auch Sportschützen – die zweite große Gruppe privater Waffenbesitzer – Schusswaffen kaufen. Doch so unkompliziert wie für Jäger ist das für sie nicht. Der Jagdschein bestätigt, dass bei seinem Inhaber die Voraussetzungen für den legalen Waffenerwerb vorliegen: ein Bedürfnis, Sachkunde und persönliche Zuverlässigkeit. Man geht also in ein Geschäft, kauft eine Büchse oder eine Flinte und nimmt sie mit nach Hause, wo sie in einem Waffentresor aus Metall eingeschlossen werden müssen. Innerhalb von zwei Wochen ist der Erwerb bei der Waffenbehörde zu melden. Dort werden die Waffen in die Waffenbesitzkarte eingetragen, die der Jäger, wenn er mit dem Gewehr unterwegs ist, neben dem Jagschein immer mitführen muss. So einfach und überschaubar ist die Prozedur jedenfalls bei sogenannten Langwaffen. Das sind Schusswaffen mit einer Länge von mehr als 60 Zentimetern, also Gewehre. Kurzwaffen – Pistolen oder Revolver –, Waffen, die verdeckt getragen werden können und im kriminellen Geschehen eine große Rolle spielen, bekommt auch der Jäger nicht so einfach auf Vorlage des Jagdscheins hin. Die Erwerbserlaubnis muss vor dem Kauf in die Waffenbesitzkarte eingetragen werden. Das ist aber bei bis zu zwei Kurzwaffen eine reine Formsache, weil pauschal angenommen wird, dass Jäger zwei Kurzwaffen benötigen, eine großkalibrige und eine kleinkalibrige. In Wirklichkeit brauchen die meisten Jäger weder Revolver noch Pistolen, denn jagen darf man mit ihnen gar nicht. Sie dürfen nur eingesetzt werden, um verletztes oder in einer Falle gefangenes Wild zu töten. Wenn ein angefahrenes Tier auf oder an der Straße liegt, dann kann es aus Sicherheitsgründen nötig sein, eine Pistole und nicht ein Gewehr für den Fangschuss zu verwenden. Jagdpächter, Forstbeamte und Jagdaufseher kommen in solche Situationen. Das Gros der Jäger gibt außerhalb des Schießstandes nie einen Schuss aus einer Kurzwaffe ab. Man erspart sich eine Menge Aufwand, wenn man auf solche Waffen verzichtet, weil für sie noch strengere Aufbewahrungsvorschriften gelten als für Langwaffen.

Ich will darauf verzichten, noch tiefer in die Details des Bundeswaffengesetzes zu gehen, das für Juristen ein echter Leckerbissen ist. Eine Sache allerdings muss noch geklärt werden: der Unterschied zwischen dem Transportieren und dem Führen einer Waffe. Der ist nämlich entscheidend dafür, wann und wo der Jäger überhaupt als Waffenträger in Erscheinung treten darf. Führen, das heißt zugriffsbereit tragen, darf er sein Gewehr auf der Jagd und auf dem Weg von und zur Jagd. Wenn ich in meinem Dorf auf die Jagd gehe, hänge ich mir die Flinte um, steige aufs Rad und fahre hinaus ins Revier. Wenn ich aber die Flinte zum Büchsenmacher bringen will, dann darf ich sie nur transportieren, also in einem verschlossenen Behältnis, einem Futteral mit Vorhängeschloss, das den direkten Zugriff verhindert, von einem Ort zum anderen bringen. Ich habe noch nie ausprobiert, was passieren würde, wenn ich mit umgehängtem Gewehr in Berlin auf dem Fahrrad zur Jagd in die Rieselfelder von Pankow führe. Formal gesehen wäre das legal, praktisch gesehen aber kaum empfehlenswert wegen des Schweifes von Blaulichtern, die man als Grünrock hinter sich herzöge. Bewaffnete Bürger passen bei uns nicht ins Straßenbild.

Deshalb fährt der Jäger in der Regel mit dem Auto zur Jagd. Die Bahn fällt aus. Sie verweigert den Transport von Schusswaffen, weshalb auch der sensibelste Öko-Jäger auf private Motorisierung angewiesen ist. Die Bahn sollte überlegen, ob sie nicht außer Mutter-Kind-Abteilen auch Jäger-Hund-Abteile anbieten könnte. Sie müssten mit einem nur vom Zugpersonal zu öffnenden Waffengepäckfach ausgestattet sein. Vielleicht ließe sich so das eine oder andere Allradmonster von der Straße bringen. Ich nähme diesen Service gern in Anspruch, um mir so oft es geht die 600 Kilometer Autobahn von Berlin ins hessische Ried zu ersparen.

Wenn ein Jäger sagt, die Waffe sei für ihn nichts als ein Werkzeug, dann glaubt ihm das kaum jemand, obwohl nach meiner Erfahrung die meisten Jäger tatsächlich ein ausgesprochen nüchternes und pragmatisches Verhältnis zu ihren Waffen haben. Doch Waffen, zumal

Schusswaffen, lassen sich nicht auf ihre Materialität und Funktionalität reduzieren. Sie sind immer auch Symbole, kulturelle Zeichen, Kultgegenstände. Am Anfang der Geschichte war die Grenze zwischen Waffe und Werkzeug noch fließend. Ein Faustkeil konnte zum Töten und zum Nüsseknacken verwendet werden. Ähnlich ist es heute noch mit Küchenmessern. Sie fallen nicht unter das Waffengesetz, obwohl sie beliebte Mordwerkzeuge sind. Werkzeuge bekommen als Waffen erst die Aura des Besonderen, wenn sie nicht für jeden zugänglich und zu Insignien von Macht und Herrschaft geworden sind, wie das Schwert, das der Unfreie nicht tragen durfte. Die dunkle Faszination, die von Schusswaffen ausgeht, beruht auf der absoluten Überlegenheit, die ihr Besitz jedem Unbewaffneten gegenüber verleiht. Man kann mit ihnen auf große Distanz töten. Jeder, der eine Schusswaffe anfasst, spürt den Kitzel dieser Ermächtigung und ahnt die Furcht und den Schrecken, die sie hervorrufen kann.

Der Zugang zu Waffen ist in der Geschichte immer ein entscheidender Konfliktpunkt der gesellschaftlichen und politischen Machtkämpfe gewesen. Im Mittelalter setzte der Adel Schritt für Schritt die Entwaffnung der Bauern durch. Die Parole der Demokratie hieß seit der Französischen Revolution »allgemeine Volksbewaffnung«. Jeder sollte Waffen tragen dürfen. In Amerika und in der Schweiz wird das heute noch als elementare Freiheitsbedingung betrachtet. Vor wenigen Jahren haben die Eidgenossen in einer Volksabstimmung eine Verschärfung des Waffenrechts zurückgewiesen. In Deutschland ist der Glaube daran, dass Demokratie und Volksbewaffnung Geschwister seien, in zwei Diktaturen zerbrochen, die die Erfahrung bereithielten, dass ein Volk in Waffen auch ein entmündigtes Volk sein kann. Waffen verströmen bei uns das Aroma des Autoritären, nicht das der Freiheit. Und privater Waffenbesitz gilt nicht als selbstverständliches Bürgerrecht, sondern grundsätzlich als Risiko für die öffentliche Ordnung, weswegen er gesetzlich rigide reglementiert und eingedämmt wird. Noch bis Anfang der Siebzigerjahre allerdings konnte jeder erwachsene Bürger bei Neckermann eine Büchse oder eine Flinte bestellen. Dem schob erst das 1972 von der sozialliberalen Koalition verabschiedete Bundeswaffengesetz einen Riegel vor, das, mehrfach verschärft, heute noch gilt.

Zuletzt wurde es nach dem Amoklauf von Winnenden im Frühjahr 2009 weitreichend geändert, bei dem ein Jugendlicher mit der Pistole seines Vaters 15 Menschen und sich selbst tötete. Die Behörden dürfen seit dieser Änderung verdachtsunabhängig und ohne richterlichen Hausdurchsuchungsbefehl kontrollieren, ob Waffen und Munition den Vorschriften entsprechend aufbewahrt werden. Verweigert der Waffenbesitzer den Amtspersonen mehrfach den Zutritt zu seiner Wohnung, kann das Zweifel an seiner waffenrechtlichen Zuverlässigkeit begründen, woraufhin dann ein Verfahren eingeleitet würde, ihm die Waffenerlaubnis zu entziehen. Wer eine Waffe besitzt und sie behalten möchte, sollte nicht allzu stur auf das Prinzip der Unverletzlichkeit der Wohnung pochen. Die Berufung auf ein verfassungsmäßiges Grundrecht könnte schmerzhafte Konsequenzen nach sich ziehen. Wer sich eine Schusswaffe ins Haus holt, muss sich damit abfinden, dass er unter besonderer Beobachtung des Staates steht. Die bürgerrechtlichen Reflexe der Zivilgesellschaft, auf die sonst bei jeder wirklichen oder vermeintlichen Diskriminierung, bei jedem Eingriff in die Grundrechte Verlass ist, bleiben in diesem Fall aus.

Das rechtliche, politische und gesellschaftliche Gelände, auf das man sich begibt, wenn man sich bewaffnet, ist also nicht sehr einladend. Wer jagen will, kommt aber nicht darum herum, sich dort hineinzubegeben. Zwei Gewehre braucht ein Jäger mindestens, eine Flinte für den Schrotschuss und eine Büchse für den Kugelschuss. Es gibt auch kombinierte Waffen, die beides vereinen. Bei Büchsflinten, Bockbüchsflinten oder Drillingen werden ein Flintenlauf beziehungsweise zwei Flintenläufe mit einem Kugellauf kombiniert. Mit einem solchen Gewehr ist man eigentlich für alle Fälle gerüstet, wenn man Abstriche macht. Ein Drilling etwa kann nie eine vollwertige Flinte sein, weil er zu schwer ist und seine Läufe zu kurz sind. Bei Drückjagden auf Wildschweine oder Hirsche, die mit der Kugel erlegt werden müssen, hat er den Nachteil, dass er nach jedem Schuss neu geladen werden muss, ein schneller zweiter Schuss wie bei einem Repetiergewehr oder einer Doppelbüchse also nicht möglich ist. Kombinierte Gewehre sind außerdem ziemlich teuer. Deshalb kaufen frischgebackene Jäger in der Regel als Erstes eine Flinte und eine Repetierbüchse. Damit sind sie im Lauf ihrer Ausbildung auch am besten vertraut gemacht worden.

Jagdgewehre haben sich in den vergangenen hundert Jahren in der Technik und im Design wenig verändert.

Es fällt kaum auf, wenn man mit Großvaters Flinte aus der Vorkriegszeit zur Hasenjagd kommt. Ästhetisch erinnern mich Jagdgewehre an Holzblasinstrumente, an Klarinetten oder Oboen. Das hängt wohl mit der für beide typischen handwerklichen Kombination von Holz und Metall zusammen und möglicherweise eben auch damit, dass beide etwa zur selben Zeit, Ende des 19. Jahrhunderts, zu ihrer heutigen Gestalt gefunden haben. Und sie sind beide äußerst langlebig. Ihre Lebensdauer übersteigt bei Weitem die ihrer Besitzer. Wenn man heute die Produktion von Holzblasinstrumenten und Jagdgewehren einstellte, könnten auch in hundert Jahren noch philharmonische Konzerte und Treibjagden stattfinden. Schon durch sein Handwerkszeug wird der Jäger also auf einen eher gemächlichen Gang des technischen Fortschritts eingestellt.

Von der Waffenindustrie angepriesene revolutionäre Neuerungen beziehen sich meist auf Details und verbessern nicht die Schussleistung, sondern die Sicherheit der Waffe, was höchst löblich ist, jedoch nicht darüber hinwegtäuschen sollte, dass der größte Unsicherheitsfaktor und die Hauptunfallursache der die Waffe handhabende Mensch ist. In jüngster Zeit ist eine Generation von Repetierbüchsen auf den Markt gekommen, bei denen auf eine Sicherung verzichtet werden kann, weil sie durch das Laden nicht automatisch gespannt sind. Es liegt eine Patrone schussbereit vor dem Lauf. Der Schlagbolzen wird erst direkt vor dem Schuss mit einem Schalt- oder Schiebeknopf gespannt. Das ist aber nur beim ersten Schuss so. Beim Repetieren wird die Waffe automatisch gespannt und muss entspannt werden, wenn ein weiterer

Schuss nicht abgegeben wurde. Das neue »Handspannersystem« verhindert also zuverlässig, dass sich unbeabsichtigt ein Schuss löst, wenn der Jäger etwa durchs Gebüsch kriecht und ein Ast den Sicherungsknopf in Feuerstellung bringen könnte. Es schließt aber nicht aus, dass der Jäger durch einen Bedienungsfehler eine geladene, gespannte und nicht gesicherte Waffe mit sich herumträgt. Wirklich sicher ist nur ein entladenes Gewehr. Daran führt keine technische Tüftelei vorbei. Kein Jäger soll glauben, er könne Sicherheit kaufen.

Als segensreich im Sinne der Sicherheit hat sich die Verbesserung der Abzugsmechanik erwiesen. Sie ermöglichte den Abschied vom Stecher, einer Art Vorabzug bei Büchsen, mit dem der Widerstand beim eigentlichen Abzug so reduziert wird, dass man ihn nur mit dem Finger antippen muss, um den Schuss auszulösen. Wehe, man vergaß das Sichern, wenn man nicht zum Schuss kam. Dann knallte es beim »Entstechen« unweigerlich. Und ein »eingestochenes«, nicht gesichertes Gewehr konnte schon losgehen, wenn man es etwas unsanft auf dem Boden abstellte. Mit modernen Abzügen passiert das nicht, weil sie einerseits hart genug sind, um nicht schon von einem Lufthauch betätigt zu werden, andererseits aber weich genug, um ein Verwackeln des Schusses durch allzu großen Kraftaufwand im Schießfinger zu verhindern.

Die Jagd steht in dem Ruf, ein teures Hobby zu sein. Wer will, kann in der Tat ein Vermögen für Jagdgewehre ausgeben. Edle englische Flinten kosten so viel wie ein Auto der gehobenen Mittelklasse. Es gibt aber aus russischer Produktion auch welche für weniger als 500 Euro.

Bei den Büchsen ist es das Gleiche. Eine Sonderanfertigung aus der Werkstatt eines Ferlacher oder Suhler Büchsenmachers ist für einen Normalsterblichen nicht erschwinglich. Aber für tausend Euro bekommt man auch schon ein ganz ordentliches Gewehr. Die gehobene Mittelklasse bei den Repetierbüchsen liegt bei etwa zweieinhalb- bis dreitausend Euro. Diese mittleren Audis und BMWs kommen auf den Waffensektor von Blaser, Sauer, Mauser oder Mannlicher. Die Golf-Klasse wird vor allem von finnischen und amerikanischen Herstellern bedient. Im weiten Feld darunter tummeln sich die Osteuropäer. Und weil der Gebrauchtwaffenmarkt überschwemmt ist – sie gehen eben nicht kaputt, die Schießeisen – hat man eine zusätzliche Chance, für wenig Geld an das nötige Rüstzeug zu kommen.

Eine ebenso große Preisspanne wie bei den Waffen gibt es bei der sogenannten Optik, den Zielfernrohren und Ferngläsern. Daran sollte der Jäger möglichst nicht sparen. Wirklich schlechte Gewehre findet man eigentlich nicht. Schlechte Zielfernrohre und Ferngläser schon. Aber es müssen auch hier nicht die neuesten technischen Wunderwerke von Zeiss oder Swarowski sein. Kurz und gut: Die Grundausstattung für einen Jäger ist nicht billig, aber sie muss kein Vermögen kosten. Mit viertausend Euro kommt man schon ziemlich weit.

Irgendwann ist es dann so weit, dass man mit diesem neu erworbenen Zeug hinaus in den Wald geht. Die neue Büchse hatte man bisher nur auf dem Schießstand ausprobiert und auf Rehböcke oder Wildschweine aus Pappe geschossen. Nun soll damit einem Tier aus Fleisch und Blut das Lebenslicht ausgeblasen werden. Ein großherziger Jagdpächter hatte mich eingeladen, in seinem Revier zu jagen. Als wir uns auf einem Parkplatz im Wald trafen, fragte er mich, was ich schon erlegt hätte. Nichts, musste ich antworten. Ich stieg mit meinem neuen Gewehr und meinem viel zu großen Fernglas, das schwer an meinem Hals baumelte, in seinen Geländewagen, und er fuhr mich zu einem Hochsitz an einer Lichtung. Ein Wildschwein sollte ich schießen. Es war noch hell, doch der Vollmond stand an diesem Frühsommertag schon am Himmel. Richtig dunkel würde es nicht werden. Ich kletterte mit zitternden Knien die Leiter hoch. Oben auf dem Sitz schob ich das Magazin in meine Büchse, repetierte eine Patrone in den Lauf und schob den Sicherungsknopf zurück. Da lag nun das Gewehr vor mir auf der Brüstung. Sein Lauf schimmerte, sein Schaft roch nach Waffenöl. Der Gedanke, damit demnächst vielleicht ein Schwein zu töten, erschien mir in diesem Moment unfassbar.

Es zeigte sich zunächst auch kein Schwein. Erst als das Tageslicht geschwunden war und Wolkenschleier das Mondlicht dämpften, kam Leben in den Wald. Knacken im Unterholz kündigte die Sauen an. Dann waren leises Grunzen und manchmal ein kurzes Quieken zu hören. Und plötzlich war die Bühne bevölkert von schwarzen Tieren, großen und kleinen. Bachen und ihre Frischlinge machten sich über die Maiskörner her, die unter schweren Steinen auf der Lichtung versteckt waren. Durch das Zielfernrohr konnte ich ihre Borsten erkennen. Hell genug zum Schießen war es. Ich suchte mir einen Frischling aus. Man darf sich darunter keinen gestreiften Winzling vorstellen. Im Sommer können Frischlinge gut und gern 15 oder 20 Kilo wiegen. Man muss sich auf ein Tier konzentrieren und schießen, wenn die Gelegenheit günstig ist. Es hat keinen Zweck, im Gewusel einer Wildschweinrotte von Ziel zu Ziel zu springen. Als mein Frischling einen Moment so verharrte, dass durch den Schuss kein anderer verletzt werden konnte, krümmte ich den Finger. Der Knall war so laut, dass ich dachte, nun wisse die ganze Welt, was ich getan hätte. Nach dem Schuss war die Bühne leer. Im Unterholz hörte ich das Knacken der flüchtenden Rotte. Wo mein Frischling liegen sollte, lag nichts. Der Jagdaufseher holte mich ab. Sein Hund hatte den Frischling sofort in der Nase. Er war nicht weit gekommen. Gleich unter den Randfichten lag er, mausetot, mit einem kleinen Loch auf der einen und einem größeren Loch auf der anderen Seite. Ich hätte ein Triumphgeheul anstimmen können. Eine wilde Freude erfüllte mich. Ich hatte gejagt, ich hatte Beute gemacht, ich hatte geschossen, ich hatte getroffen, das Wild war tot. Erst zu Hause, vor dem Einschlafen, bedrängte mich der Gedanke an das Unwiderrufliche dieses Aktes. So sehr mein Gewehr in all den Jahren seither zu einem Werkzeug geworden ist, das ich mit einiger Routine benutze – es flößt mir doch immer wieder Furcht ein.

DRITTES KAPITEL

Das Revier

Wenn am späten Novembernachmittag die Sonne untergegangen ist, es langsam duster wird und der Nebel die Korbweiden an den Entwässerungsgräben des Rieds grau umhüllt, hören wir mit der Hasenjagd in unserem Revier auf. Jäger, Treiber und Hunde klettern auf den Anhänger eines Traktors und fahren zum Vereinsheim der Angler, unsere Brüder, die uns Gastfreundschaft gewähren. Dort werden die erlegten Hasen in Reih und Glied zur Strecke gelegt, die Hörner blasen »Has' tot«, »Jagd vorbei« und »Halali«. Dann gibt es Hackbraten. Nach dem Essen packt einer das Akkordeon aus, und wir fangen an zu singen. Unser Lieblingslied geht so: »Ich bin ein freier Wildbretschütz und hab' ein weit' Revier. So weit die braune Heide reicht, gehört das Jagen mir. Horrido. So weit der blaue Himmel reicht, gehört mir alle Pirsch auf Fuchs und Has' und Haselhuhn, auf Rehbock und auf Hirsch. Horrido«. Im weiteren Verlauf des Liedes kommt ein »frisches Mägdelein« vor, das einem anderen gehört, woran sich der freie Wildbretschütz natürlich nicht stört.

Der freie Wildbretschütz pfeift sowohl auf Reviergrenzen als auch auf die bürgerliche Moral. Er ist ein Wilderer, eigentlich der größte Feind des Jägers. Trotzdem bleibt er der unverwüstliche Held eines jagdfolkloristischen Schlagers. Er lebt als lustiger Rebell gegen alle Obrigkeit und Sitte den Traum der unbeschränkten Jagdfreiheit. Kein Jäger würde ihn in seinem Revier dulden. Aber nach der Hasenjagd, wenn es gemütlich wird, schmettern die Jäger seinen Triumphgesang, als spräche er ihnen aus der Seele. Das Anarchische und das Autoritäre nisten in dieser Seele in intimer Nachbarschaft. Das ist eine Folge der jüngeren deutschen Jagdgeschichte, in der das Revolutionäre und das Reaktionäre unauflöslich miteinander verknüpft sind. Die Grundlagen des deutschen Revierjagdsystems wurden in der bürgerlichen Revolution von 1848 gelegt. Das Jagdrecht ist eine der wenigen revolutionären Errungenschaften, die in ihrem Kern nie zurückgenommen wurden. Seine gesetzliche Ausgestaltung in den nachrevolutionären Jahrzehnten war aber immer von dem Bestreben geprägt, die freie Jagd wieder einzudämmen.

Das Revier, das ich im hessischen Ried zusammen mit drei anderen Jägern gepachtet habe, umfasst etwa die Hälfte der Gemarkung meines Heimatortes Groß-Rohrheim. Verpächter ist die Jagdgenossenschaft. Ihr gehören die Eigentümer aller Grundstücke an, die zu diesem Revier – der gesetzliche Terminus heißt »Jagdbezirk« – zusammengefasst sind. Die Jagdgenossenschaft ist eine Körperschaft des öffentlichen Rechts. Jeder, der Grundeigentum außerhalb geschlossener Ortschaften besitzt, ist automatisch Mitglied einer solchen Jagdgenossenschaft. Erst nach einem Urteil des Europäischen Gerichtshofes für Menschenrechte gibt es durch eine Änderung des Bundesjagdgesetzes die Möglichkeit, dass Grundeigentümer aus ethischen Gründen die Jagdgenossenschaft verlassen und ihre Grundstücke jagdfrei stellen können. Dafür gibt es allerdings hohe Hürden. Der Eigentümer muss seine Gewissensgründe glaubhaft darlegen. Und es werden auch die Interessen etwa derjenigen Landwirte berücksichtigt, die auf benachbarten Grundstücken einem erhöhten Wildschadensrisiko ausgesetzt sind. Von dieser Ausnahme abgesehen, bringen die Eigentümer ihr Jagdrecht in die Genossenschaft ein, die es stellvertretend für sie an einen oder mehrere Jäger verpachtet. Dem Jagdpächter gehört das Wild nicht, das in seinem Revier lebt. Es ist rechtlich gesehen herrenloses Gut. Aber der Pächter hat das Recht und die Pflicht, es zu hegen, zu jagen und sich anzueignen. Sobald er in den Besitz des Wildes gekommen ist, gehört es ihm. Mit dem Verkauf von Wildbret kann er einen Teil der Pachtkosten decken. In früheren mit Hasen gesegneten Zeiten war mit einer Jagd sogar ein Gewinn zu erwirtschaften. Heute übersteigt der Ausgleich von Wildschäden, zu dem die Jagdgenossenschaften die Pächter in der Regel verpflichten, oft den Jagdpachtzins. Wildschäden sind zudem als finanzielles Risiko schwer kalkulierbar. Deswegen wird es für manche Jagdgenossenschaften schwer, Pächter zu finden, vor allem in Gegenden, in denen es viel Mais und viele Wildschweine gibt.

Im Westen und im Osten sind die Grenzen unseres Reviers klar, es sind dies die Mitte des Rheins und die Bahnlinie Frankfurt-Mannheim. Im Norden und Süden ist die Reviergrenze nicht so augenfällig. Man muss sich mit Grenzgräben und Grenzsteinen auskennen. Wir Jäger haben diese imaginären Linien verinnerlicht, denn sie sind für uns von entscheidender Bedeutung. Mit einem Schritt kann man vom Jäger zum Wilderer, vom Sachwalter eines öffentlichen Auftrages zum Straftäter werden. Denn wenn ich auf der Jagd fahrlässig oder vorsätzlich meine Reviergrenze überschreite, greife ich in fremdes Jagdrecht ein. Woher kommt es, dass ganz Deutschland von solchen Linien durchzogen ist, die kein Wanderer, kein Radfahrer, kein Pilzesammler kennt und zu kennen braucht, die aber für jeden, der mit der Jagd zu tun hat, wichtiger sind als Staatsgrenzen?

Jagdgeschichte ist Sozialgeschichte der prallsten Art. Nirgendwo wird der Graben zwischen oben und unten, werden die Konfliktlinien innerhalb der Gesellschaft deutlicher als hier. Wir lassen jetzt die langen Jahrtausende von der Steinzeit bis zum frühen Mittelalter aus, in denen die Jagd noch kein Herrschaftsrecht war und auch nach dem Entstehen herrschaftlicher Strukturen jedem Freien zustand. Erst im Fränkischen Reich kam es unter Karl dem Großen in großem Umfang zur Errichtung von Jagdprivilegien. In den königlichen Bannforsten war die Jagd dem König und seinen Ministerialen vorbehalten. Das ganze Mittelalter ist von diesem Prozess der jagdlichen Enteignung des einfachen Volkes, zumal der Bauern, geprägt. Adel und Fürsten rissen das Jagdrecht auch auf fremdem Grund und Boden an sich. Die Bauern hatten die herrschaftliche Jagd auf ihren Feldern und in ihren Wäldern zu dulden, die Wildschäden hinzunehmen und für die Jagdherren Hand- und Spanndienste zu leisten. Wenn es etwa in der Zeit der Bauernkriege im 16. Jahrhundert oder auch im Revolutionsjahr 1848 zu ländlichen Rebellionen gegen die herrschende Ordnung kam, dann war die Wut auf die feudalen Jagdprivilegien immer ein zentrales Motiv.

Andererseits betrachteten Adel und Fürsten die Jagd wie nichts sonst als Ausweis ihrer hervorgehobenen Stellung in der gottgewollten Ordnung von oben und unten. Ein wildernder Bauer wurde nicht wie ein Dieb behandelt, sondern wie ein Staatsverbrecher. Es ging bei der Jagd ums Ganze, um die gesellschaftliche Ordnung schlechthin.

Seit dem ausgehenden Mittelalter wurde der Konflikt um die Jagd Gegenstand einer umfangreichen Flug- und Streitschriftenliteratur. Martin Luther donnerte gegen die Fürsten (dieses und die folgenden Zitate entnehme ich Werner Röseners *Die Geschichte der Jagd*, 2004): »Unsere Fürsten sündigen nicht allein damit, dass sie ihrem Amt nicht genug tun und sich der armen Untertanen nicht annehmen, sondern sündigen ganz schwerlich, dass sie mit ihrem vielen Jagen die armen Leute beschweren, den armen Bauern und Ackerleuten die Früchte verderben, machen ihnen den Acker gar wüste.« Noch schärfer ging der Mansfelder Hofprediger Cyriacus Spangenberg mit den jagdbesessenen Fürsten ins Gericht. Sein 1560 erstmals gedrucktes Buch *Der Jagdteufel* war bis ins 18. Jahrhundert hinein eine weitverbreitete Programmschrift der antifeudalen Jagdkritik: »Was Schaden, Leides und Jammer, Unterdrückung und Verderb der armen Untertanen durch das verfluchte Jagen zugerichtet wird, ist nicht auszusagen. So ist auch gar kein Barmherzigkeit bei den Oberherren, dass sie es nicht glauben, noch sich's annehmen. Das Wild zertrennet, frisset und macht ihnen ernstlich zuschanden, was sie an Früchten gesäet und gepflanzt, ehe es recht hervorkommen kann, und weil es wächst und stehet, das müssen sie leiden und dürfen nicht wehren; so werden ihnen darnach beide von Wilde und auch von der Herren und Junkern Jagdhunden ihr Vieh, Kälber, Ziegen, Schaf, Gänse und Hühner, bisweilen auch ihre Haus- und Hofhunde, und oft dazu ihre Kinder und Gesinde zerrissen und beschädigt, davon wird ihnen nichts erstattet.« Zweihundert Jahre später mahnte Adolph Freiherr von Knigge in seinem Buch *Über den Umgang mit Menschen*, ein Landes- oder Gutsherr dürfe nicht, um »das grausame Vergnügen einer Hirsch- und Schweine-Metzelei« zu genießen, »den Bauer zu einer Zeit, wo seine Gegenwart zu Haus ihn und seine Familie gegen Mangel schützen muss, mehrere Tage hintereinander in strenger Kälte mit leerem Magen herumlaufen und Ohren und Nasen erfrieren lassen«.

Es war ein Fanal, das auch in den deutschen Ländern wahrgenommen wurde, als in Paris die revolutionäre Nationalversammlung am 11. August 1789 die feudalen Jagdprivilegien entschädigungslos aufhob und den Grundeigentümern das Jagdrecht auf ihren eigenen Grundstücken zugestand. In Deutschland sollte es allerdings noch sechzig Jahre dauern, bis das erreicht war. Auch nach der Bauernbefreiung im Zuge der napoleonischen und preußischen Reformen Anfang des 19. Jahrhunderts verteidigte der Adel sein »Jagdregal« beharrlich. Dieser Widerspruch, dass die Bauern einerseits formal Privateigentümer waren, aber zu Wilderern auf ihrem eigenen Grund wurden, wenn sie dort einen Hasen schossen oder in der Schlinge fingen, war, neben den Schäden, die überhöhte Rotwild- und Wildschweinbestände anrichteten, auf dem Lande ein entscheidender Treibsatz für das Geschehen im Revolutionsjahr 1848. Die Nationalversammlung in der Frankfurter Paulskirche betrachtete denn auch das Jagdrecht als einen Gegenstand, der mit größter Dringlichkeit zu behandeln sei. Dass das feudale Jagdregal abgelöst werden müsse, war eigentlich nicht mehr umstritten. Heftig wogte jedoch die Debatte über die Frage, ob das mit oder ohne Entschädigung zu geschehen habe. Die große Mehrheit des Parlaments erwies sich in dieser Frage als radikal. Am 20. Dezember 1848 beschloss die Nationalversammlung, dass alle feudalen Jagdprivilegien entschädigungslos aufgehoben seien und den Grundeigentümern die Jagd auf ihrem eigenen Grund und Boden zustehe. Dieser revolutionäre Beschluss war Teil des Kataloges der »Grundrechte des Deutschen Volkes«, der in die Reichsverfassung eingehen sollte. Durch ein Gesetz vom 27. Dezember 1848 wurde er schon vor Fertigstellung der Verfassung in Kraft gesetzt. Die gesetzliche Ausgestaltung der Jagdausübung überließ die Nationalversammlung den einzelnen deutschen Staaten.

Eigentlich müsste der 20. oder der 27. Dezember der Feiertag der Jäger sein, denn die an diesen beiden Tagen des Jahres 1848 vollzogene Rechtsrevolution bildet die Grundlage, auf der sie heute noch stehen. Stattdessen gehen sie am 3. November, am Tag des Heiligen Hubertus, in die Kirche und legen tote Hirsche vor den Altar. Dieser merkwürdige Heilige, ein fränkischer Adeliger des siebten Jahrhunderts, war nach der Legende ein wilder, zügelloser Jäger, bis ihm auf einer Jagd in den Ardennen ein Hirsch mit einem Kruzifix zwischen den Geweihstangen erschien. Die einen sagen nun, er habe daraufhin der Jagd ganz abgeschworen, die anderen, er sei zum fürsorglichen Heger des Wildes geworden. Der historische Hubertus wurde zum Bischof vom Maastricht und Lüttich, und wahrscheinlich hat er weiter gejagt, weil Bischöfe das damals gar nicht anders kannten. Aber es ist bezeichnend, dass diese Erzählung über die freiwillige Zügelung adeliger Jagdlust und nicht die von der bürgerlichen Jagd als revolutionärer Errungenschaft benutzt wird, wenn die Jäger sich nach außen präsentieren und zeremoniell ihre Stellung in der Mitte der Gesellschaft beanspruchen. Den freien Wildbretschützen lassen sie nur hochleben, wenn sie beim Schüsseltreiben, dem Essen nach der Jagd, unter sich sind.

Wie ging es 1848 nun weiter mit der Jagdfreiheit? Standen die folgenden Jahrzehnte tatsächlich im Zeichen einer reaktionären Refeudalisierung, wie Wilhelm Bode und Elisabeth Emmert, zwei Vordenker des Ökologischen Jagdvereins, in ihrem 1998 erschienenen Buch *Jagdwende* behaupten, das der jagdpolitischen Debatte der jüngsten Zeit entscheidende Anstöße gegeben hat? In welchem Umfang die faktische Jagdfreiheit im Revolutionsjahr tatsächlich genutzt wurde, ist heute schwer zu sagen. Die Schauergeschichten über wilde Knallereien in Wald und Flur, die Ausrottung des Großwildes und den Sittenverfall des Landvolkes stammen meist aus den Federn von Autoren, denen die bürgerlich-revolutionäre Richtung nicht passte. Örtlich mag es tatsächlich zu solch wildem Jagen gekommen und das Wild drastisch reduziert worden sein. Man muss aber bedenken, dass die Mobilität und also der Aktionsradius bürgerlicher und bäuerlicher Jäger damals noch sehr beschränkt war. Solche Szenen werden sich wohl überwiegend im näheren Umkreis der Dörfer und Kleinstädte abgespielt haben. Bode und Emmert argumentieren in dieser Frage widersprüchlich. Einerseits tun sie die Berichte über das revolutionäre Jagdchaos und die Vernichtung der Wildbestände als Propaganda der jagdpolitischen Reaktionäre ab, die den Bauern die Flinten wieder nehmen wollten. Andererseits betrachten sie die drastische Wildreduktion als Tatsache. Sie habe dem deutschen Wald eine »Verschnaufpause« verschafft, in der die alten Buchenbestände, an denen wir uns heute noch erfreuen können, begründet worden seien. Eine Jagdstatistik, die Rückschlüsse auf die Wildbestände zuließe, gab es damals noch nicht.

Die Staaten des Deutschen Bundes machten unmittelbar nach der Revolution von ihrer Regelungskompetenz Gebrauch und erließen Jagdordnungen, die das wilde Treiben in geregelte Bahnen lenken sollten. Ein Grundgedanke wirkt bis heute. Das tatsächliche Jagdausübungsrecht durften nur Grundbesitzer wahrnehmen, deren zusammenhängender Besitz eine bestimmte Mindestgröße hatte. In der Preußischen Jagdverordnung waren das 300 Morgen, also 75 Hektar. So steht es auch heute im Bundesjagdgesetz. Eigentümer kleinerer Flächen konnten auf ihrem Grund und Boden nicht jagen. Ihr Jagdrecht wurde durch die Gemeinde oder durch eine Jagdgenossenschaft verpachtet. Es gab, und das gilt auch schon für die Zeit vor 1848, Versuche, den Kreis der Pächter einzuschränken, im Norden mehr als im liberaleren Süden, indem man ein bestimmtes Vermögen oder Selbstständigkeit zur Voraussetzung der Pachtfähigkeit machte. Aber weder städtische Bürger noch Bauern ließen sich nach 1848 wirklich aus der Jagd verdrängen. Sie boten mit dem städtischen »Sonntagsjäger« und dem bäuerlichen »Aasjäger« die Feindbilder, an denen sich die nun entstehende, um den Begriff »Weidgerechtigkeit« kreisende deutsche Jagdideologie abarbeitete.

Auch sie hat eine helle und eine dunkle Seite. Einerseits brachte sie den Gedanken der Selbstbeschränkung des Jägers zur Wirkung, der sich an bestimmte ungeschriebene Regeln zu halten habe, was damals zum Beispiel bedeutete, keine weiblichen Rehe zu schießen und die Böcke nur, solange sie ihr Geweih trugen, also nicht im Winter auf der Treibjagd und schon gar nicht mit Schrot, wie die Bauern das taten, sondern ritterlich mit der Kugel. Der »weidgerechte« Jäger fütterte im Winter »sein« Wild, allerdings nur das Nutzwild. Dessen »Feinde«, Wolf, Luchs, Wildkatze, Fuchs, Marder, Bussard, Habicht und wie sie alle heißen, bekämpfte er rigoros mit Pulver und Blei und Falle und gegebenenfalls auch mit Gift. Er hielt Totenwacht beim erlegten Hirsch und steckte ihm den »letzten Bissen« ins Maul. Er sorgte dafür, dass auf der Jagd brauchbare Hunde eingesetzt wurden, die das Leiden angeschossenen Wildes verkürzen konnten. Er verachtete die Hetzjagd mit der Hundemeute und hielt es für ein schlimmes Vergehen, den ruhenden Hasen zu schießen. Man stößt bei dieser mentalen und ideellen Verfassung sofort auf unlösbare Widersprüche. Aber man sollte dabei nicht vergessen, dass die spezielle deutsche Jagdkultur, die hauptsächlich vom Forst- und Jagdpersonal der alten adeligen Eliten geprägt und über die Ende des 19. Jahrhunderts zu üppiger Blüte gelangten Jagdzeitschriften verbreitet worden war, dafür sorgte, dass in Mitteleuropa im Zeitalter der Hochindustrialisierung reiche Wildbestände erhalten blieben und wiederaufgebaut wurden. Zur gleichen Zeit verschwanden Wildarten wie Reh, Rothirsch oder Wildschwein in Frankreich, Italien, den Niederlanden oder der Schweiz fast völlig. Im Ausland galt Deutschland immer als Musterland der Jagd und Hege, als jägerische Kulturinsel. Inzwischen haben sich diese Wildarten wieder in ganz Europa verbreitet und werden vielerorts zu einem schwerwiegenden Problem der Land- und Forstwirtschaft, das sich mit den traditionellen deutschen Vorstellungen von »Hege« kaum lösen lässt.

Man könnte sich der »deutschen Weidgerechtigkeit« unbefangener nähern, wenn sie nicht in die Hände der Nationalsozialisten gefallen wäre oder genauer: in die Hände Hermann Görings, der als Reichsjägermeister mit dem Reichsjagdgesetz von 1934 zum ersten Mal das Jagdwesen für ganz Deutschland einheitlich regeln ließ. In seinen wesentlichen, sachlichen Bestimmungen gilt es als Bundesjagdgesetz noch heute. Das bietet natürlich den vielfältigen Kritikern der Jagd die Gelegenheit, Jagd und Jäger pauschal unter Nazi-Verdacht zu stellen. Emmert und Bode sehen mit dem Reichsjagdgesetz die »Refeudalisierung« der Jagd abgeschlossen. Es sei ein Gesetz wider die bäuerliche Jagd gewesen. Das ist wohl richtig. Erstmals wurde eine Jägerprüfung obligatorisch, für viele Bauern eine schwer zu überwindende Hürde. Auch, dass nur natürliche Personen und nicht etwa Vereine oder Jagdgesellschaften Reviere pachten konnten, unterstreicht den elitären und exklusiven Zug des

Gesetzes. Die Frage ist nur, ob das typisch nationalsozialistisch war.

Göring kam zu seiner jägerischen Allzuständigkeit als »Reichsjägermeister« wie die Jungfrau zum Kind. Die Grundsätze, die das Reichsjagdgesetz bestimmten, also das Reviersystem, die Hegepflicht, die persönliche Verantwortung des Jagdpächters für den Wildbestand, der Tierschutz, aber auch die Forderung, dass die Wildbestände in Einklang mit den Belangen von Land- und Forstwirtschaft gebracht werden müssten, waren von Jägern und Forstleuten schon lange propagiert worden. Zu den umtriebigsten Jagdreformern zählte der Forstbeamte Ulrich Scherping, Geschäftsführer der »Deutschen Jagdkammer«, einer Organisation, die es sich zum Ziel gesetzt hatte, die organisatorische Zersplitterung der Jägerschaft zu überwinden und das Jagdrecht in Deutschland zu vereinheitlichen. In der Weimarer Republik wurde Scherping zum Hauptstrippenzieher der Jagdpolitik. Politisch hielt er sich zunächst an den jagdbegeisterten sozialdemokratischen Ministerpräsidenten von Preußen, Otto Braun, der auf dem Verordnungswege in Preußen schon vieles durchsetzte, was im Reich nachher Gesetz wurde. Ein komplettes neues preußisches Jagdgesetz nach den Vorstellungen Scherpings, das zum Modell eines Reichsjagdgesetztes hätte werden können, kam im Untergangsstrudel der Weimarer Republik nicht mehr zustande.

1933 stellte Scherping sich auf die neuen Verhältnisse ein und suchte einen neuen Schirmherren der Jagd. Auch nach dem Krieg gelang ihm eine solche »Umstellung« im Dienste der Jagd noch einmal, als er, nunmehr unter demokratischen Verhältnissen, 1953 zum Hauptgeschäftsführer des »Deutschen Jagdschutzverbandes« berufen wurde, der heute »Deutscher Jagdverband« heißt. 1933 fand Scherping seinen Schirmherren in Göring, der jagdlich ziemlich unbeleckt, machtpolitisch aber instinktsicher war. Hätte er Jagd und Forst nicht an sich gerissen, wären diese beiden politisch nicht ganz unbedeutenden Felder möglicherweise in die Hand des Reichsbauernführers Walther Darré gefallen. Der hätte dann wohl ein Jagdgesetz erlassen, das man mit anderen Gründen als typisch nationalsozialistisch bezeichnen könnte: freie Büchse dem deutschen Bauern, Jagd als germanisches Urrecht des Reichsnährstandes und im Übrigen radikale Reduzierung der Wildbestände im Interesse der landwirtschaftlichen Autarkie. Göring arbeitete die Wunschliste Scherpings zügig ab. Der brauchte seine Entwürfe nur aus der Schublade zu ziehen. 1934 wurden sie Gesetz in Preußen, am 1. April 1935 im Reich. Scherping machte Karriere. Als Leiter des Reichsjagdamtes war er die rechte Hand des Reichsjägermeisters und damit Erfüllungsgehilfe von Görings Jagd-Größenwahn. Das führte den »unpolitischen« Scherping während des Kriegs tief in den blutigen Morast der nationalsozialistischen Verbrechen. Davon wird noch zu berichten sein, wenn wir von den Hirschparadiesen erzählen, die Göring im Osten errichten wollte.

Ein von nationalsozialistischer Ideologie durchdrungenes Gesetz war das Reichsjagdgesetz in seinen sachlichen Bestandteilen kaum. Es schrieb mit der Bindung des Jagdrechts an das Grundeigentum den 1848 erreichten Rechtszustand fest. Führende Nationalsozialisten wie Goebbels und Himmler und nicht zuletzt Hitler selbst waren im Übrigen ausgesprochene Jagdgegner. Dass im Dritten Reich die Jagd mit irrwitzigem Brauchtumsbrimborium inszeniert wurde, muss man als Göring'sche Sonderkultur betrachten. Aber der Jäger Göring überbrückte die Distanz zwischen den alten bürgerlichen und adeligen Eliten und den nationalsozialistischen »neuen Männern«. Das Regime wusste, was es daran hatte, wenn es den Jägern nahezu alle Wünsche erfüllte. Die Internationale Jagdausstellung, die es 1937 in Berlin ausrichtete, war international ein Propagandaerfolg, der fast an den der Olympischen Spiele im Jahr davor heranreichte, auch wenn Hitler, wie berichtet wird, missmutig und in großer Eile durch die gigantische Geweihknochenparade schritt.

1952 wurde das Reichsjagdgesetz, beschnitten um die von NS-Ideologie triefende Präambel und die Bestimmungen zur organisationspolitischen Gleichschaltung der Jägerschaft, als Bundesjagdgesetz vom Bundestag verabschiedet. Seit der Föderalismusreform von 2006 ist es für die Länder nicht mehr bindend. Rheinland-Pfalz hat sich inzwischen ein vollständiges eigenes Jagdgesetz gegeben, das sich nicht mehr auf das Bundesjagdgesetz bezieht. Doch dieses Gesetz übernimmt dort, wo es um die grundsätzlichen Rechtsbeziehungen zwischen Grundeigentümern und Jägern geht, wortwörtlich die Bestimmungen des Bundesgesetzes. Am Reviersystem wird nicht gerüttelt. Auch die Hegepflicht und der unbestimmte Rechtsbegriff der »Weidgerechtigkeit«, die ökologisch oder auch forstwirtschaftlich motivierten Kritikern des deutschen Jagdwesens ein Dorn im Auge sind, weil sie als Vorwand für zu nachlässige Jagd auf Hirsch und Reh dienen, tauchen in ihm wieder auf. Baden-Württemberg ist mit seinem ehrgeizigen »Jagd- und Wildtiermanagementgesetz« auch in der Terminologie deutlich vom Bundesjagdgesetz abgewichen. Der Zug der Jagdreform hat sich in Gang gesetzt. Das alte Rahmengesetz von 1934/35 bremst ihn nicht mehr. Die unauflösliche Verknüpfung von Grundeigentum und Jagdrecht, und damit das Reviersystem, stehen allerdings bisher noch nicht zur Disposition

Dass Jagd auch anders organisiert werden kann, zeigte die DDR. Wir reden hier nicht von dem sozialistischen Jagdfeudalismus der Partei- und Staatsführung, von den abgeschirmten Revieren Honeckers, Mielkes oder Stophs, von den Sonderjagdgebieten der sowjetischen Truppen oder denen der Nationalen Volksarmee. Es gab in der DDR auch so etwas wie »normale« Jagd. Die Verbindung von Grundeigentum und Jagdrecht wurde zerschlagen und das Jagdrecht vom Staat an Jagdgesellschaften verliehen. Denen standen in der Regel kostenlos sehr große Jagdgebiete zur Verfügung. Das Wildbret war an den staatlichen Wildhandel abzuliefern. Manche ältere Jäger in den östlichen Bundesländern erinnern sich mit Wehmut an diese Verhältnisse, weil die Propagandaparole, dass die Jagd im Sozialismus »dem Volke« gehöre, doch einige Wahrheitskörnchen enthielt. Es war nicht so, dass nur linientreue SED-Mitglieder einen Jagdschein erhielten. Es genügte, nicht offensichtlich Dissident zu sein. Schwieriger als der Zugang zur Jagd war der zu Jagdwaffen. Die Führung misstraute dem Volk so sehr, dass sie privaten Waffenbesitz praktisch unterband. Jagdwaffen – meistens nur Flinten – wurden zentral beim Leiter der Jagdgesellschaft aufbewahrt und konnten nur ausgeliehen werden. Es gab immer weniger Gewehre als Jäger und nur in Ausnahmefällen Kugelbüchsen. Die wurden zwar in der thüringischen Büchsenmacherstadt Suhl in großer Zahl und hoher Qualität gefertigt, gingen aber als Devisenbringer in den Export. Die DDR-Jäger behalfen sich bei der Jagd auf Großwild mit sogenannten Flintenlaufgeschossen, mit denen man allerdings nur auf kurze Entfernung halbwegs präzise treffen kann. Daher kommt es, dass alte DDR-Jäger über gewisse Indianerfähigkeiten im Anschleichen verfügen.

Bei den Verhandlungen über den Einigungsvertrag wurde darüber gestritten, was vom DDR-Jagdrecht erhalten bleiben könne. Vor allem im Institut der Jagdgesellschaften sahen manche Fachleute und das Gros der DDR-Jäger einen Ansatzpunkt für ein reformiertes gesamtdeutsches Jagdrecht. Dazu kam es nicht. Die Bundesregierung bestand in den Einigungsverhandlungen darauf, dass das westdeutsche Jagdrecht ohne Abstriche auf die neuen Bundesländer übertragen werde, und erfüllte damit die zentrale Forderung der westdeutschen Jagdlobby.

Ich habe also eine Menge Geschichte und Politik im Rucksack, wenn ich auf die Jagd gehe. Das fröhliche Lied vom freien Wildbretschütz kommt mir unter der Last dieses Gepäcks nicht immer leicht über die Lippen. Zum Glück gehört auch persönliche Geschichte zu diesem Gepäck, wenn ich in meinem Revier unterwegs bin. Hier bin ich aufgewachsen, hier kenne ich jeden Baum und

Strauch, hier steckt jeder Winkel voller Erinnerungen. Keinen der Orte, an denen ich bisher gelebt habe, kann ich so vorbehaltlos »Heimat« nennen wie mein Revier im hessischen Ried. Die Gegend ist keine Postkartenlandschaft. Intensive Landwirtschaft, Getreide- und Rübenfelder prägen weithin das Bild, nur in den Rheinauen nicht, dort gibt es fast undurchdringliche Gehölze, Schilf und weite Wiesen. Als »mein Revier« betrachtete ich diese zehn Quadratkilometer hessisches Ried schon als kleiner Junge. Von Jagdgrenzen wusste ich damals nichts. Aber mir will es scheinen, als hätten auch meine Streifzüge damals an diesen Grenzen geendet.

VIERTES KAPITEL

Der Hund

Diesen Augenblick werde ich nie vergessen: Nach Minuten bangen Wartens tauchte Viko auf der Hügelkuppe eines riesigen brandenburgischen Stoppelfeldes auf – und hatte die Ente im Maul. Und er brachte sie mir bis vor die Füße. Dass er sich nicht, wie es die Vorschrift will, brav vor mich hinsetzte und wartete, bis ich ihm den Vogel abnahm, war mir egal. Er hatte apportiert. Wenige Tage vorher noch war er weggeblieben, nachdem ich ihn auf die mit einer toten Wildente gezogene Spur gesetzt hatte. Ich ging ihn suchen und fand ihn inmitten eines Kranzes von Federn. Fein säuberlich hatte er die Brustfilets der Ente freigelegt und war dabei, sie genüsslich zu verspeisen. Da wurde ich zum ersten Mal wirklich grob zu meinem Hund. Ich stürzte mich knurrend wie eine alte Wölfin auf ihn, packte ihn am Nackenfell und schleuderte ihn einige Meter weit in die Botanik. Er war so eingeschüchtert, dass er sich von nun an weigerte, eine Ente überhaupt nur ins Maul zu nehmen. Eigentlich wollte ich zur Prüfung gar nicht mehr antreten. Wir hätten sowieso keine Chance, dachte ich. Ich fuhr nur hin, weil ich mich schon angemeldet und die Gebühr bezahlt hatte. Man kann das Unmögliche ja wenigstens versuchen.

Viko schien in sich gegangen zu sein. Auch das Kaninchen brachte er. Auf der mit Hirschblut getupften

Schweißfährte lief er wie am Schnürchen bis zu dem an ihrem Ende ausgelegten Fell. Er apportierte eine weitere Ente aus dem Wasser und ließ sich davon auch nicht abbringen, als über seinen Kopf hinweg geschossen wurde. Brav blieb er neben mir liegen, während Leute durch den Wald liefen und Treibjagd-Lärm veranstalteten. Als ich in die Luft schoss, hob er nur den Kopf. Er jaulte nicht, er bellte nicht, und er zerrte nicht an der Leine. Zum Stöbern hatte er allerdings keine Lust. Er ging nicht tief genug in die Dickung und kassierte dafür eine schwache Vier. Aber am Ende hat es gereicht. Viko ist nun ein nach den Landesgesetzen von Berlin und Brandenburg brauchbarer Jagdhund. Wenn er auf der Jagd einen Unfall verursacht, zahlt die Jagdhaftpflichtversicherung, die jeder Jäger abschließen muss. Brauchbare Jagdhunde sind damit abgedeckt. Nicht nur der Jäger also, auch sein Hund kommt an einem staatlichen Examen nicht vorbei.

Wäre Viko durchgefallen, hätte ich noch eine Schonfrist von einem Jahr gehabt, um die Brauchbarkeitsprüfung zu wiederholen. Hätte er sie dann abermals nicht bestanden, hätte er zu Hause bleiben müssen, wenn ich jagen gehe. Aus dem Jagdhund wäre ein wahrscheinlich hochneurotischer Sofahund geworden, ein unausstehliches Vieh, dem es nicht erlaubt ist, seine wunderbaren Erbanlagen auszuleben, weil sein menschlicher Gefährte zu blöde war, sie in die richtigen Bahnen zu lenken. Man kann sich vorstellen, welche Last von mir genommen war, als ich das Brauchbarkeitszeugnis in den Händen hielt. Die Nacht senkte sich über die Mark Brandenburg. Am klaren Herbsthimmel begannen die Sterne zu funkeln. Und während die Prüfungskandidaten ihre Siege oder Niederlagen begossen, schrien die Hirsche. Die Brunft war auf ihrem Höhepunkt. Jeder erlebt in seinem Leben einmal einen großen Moment. Das war einer.

Wenn ich mit Viko spazieren gehe, werde ich oft auf meinen »schönen Münsterländer« angesprochen. Ich bin dann jederzeit bereit, geduldig zu erklären, dass Viko kein Münsterländer, sondern ein Deutscher Wachtelhund sei, finde aber selten Gehör. Ein langhaariger, mittelgroßer braun-weiß melierter Jagdhund mit Schlappohren gilt nun einmal als Münsterländer. Miteinander verwandt sind die beiden Rassen sicherlich. Beide gehen zurück auf die sogenannten »Vogelhunde«, die schon in mittelalterlichen Jagdbüchern abgebildet sind. Sie dienten bei der Beizjagd, der Jagd mit dem Falken oder dem Habicht, dazu, das Wild aufzustöbern. Die Wachtelhunde sind Stöberhunde geblieben. Münsterländer gehören zu den Vorstehhunden. Sie bleiben wie angewurzelt am Platz, wenn sie frische Wildwitterung in die Nase bekommen. Im Wald, wo man den Hund nicht immer sieht, nützt diese Verhaltensweise dem Jäger wenig. Heute erleben die Stöberhunde eine Renaissance. Ihr Einsatzgebiet sind vor allem die großen Bewegungsjagden auf Wildschwein, Hirsch und Reh. Stöberhunde sollen das Wild dazu bringen, sich zu bewegen, seine Einstände zu verlassen. Wenn sie eine frische Fährte aufgenommen haben, bellen sie. Dieser »Spurlaut« ist ihnen angeboren. Er ist die Voraussetzung dafür, dass man mit ihnen auf diese Art und Weise jagen kann. Sie sollen sich dem Wild frühzeitig ankündigen, damit es nicht in panischer Flucht vor ihnen flüchtet, sondern ihnen auf den vertrauten und den Jägern bekannten Wechseln ausweicht. Wenn es langsam zieht und immer wieder verharrt, um zu sehen, was der Kläffer macht, steigen die Chancen auf einen sicheren Schuss. Die routinierte Feindvermeidung gehört zum normalen Verhaltensrepertoire des Wildes. Sie ist nichts Außergewöhnliches. Wachtelhunde neigen außerdem kaum dazu, sich zu Meuten zusammenzurotten, was eine weitere Sicherung dagegen ist, dass die Bewegungsjagd zur Hetzjagd wird. Erspart man dem Wild unnötigen Stress, macht sich das auch in der Küche bemerkbar. Sein Fleisch ist dann rosig und zart. Mit Adrenalin vollgepumpte Tiere dagegen sind zäh.

Wie bei den meisten modernen Hunderassen begann die Reinzucht des Deutschen Wachtelhundes in Deutschland gegen Ende des 19. Jahrhunderts. Egal, mit welcher Rasse man sich beschäftigt, ob Dackel oder Schäferhund, Boxer oder Dogge, kurzhaariger, langhaariger oder rauhaariger Vorstehhund, es fanden sich immer einige Rasseväter, meistens Förster, Polizeibeamte oder Offiziere, auch Pfarrer und Bürgermeister waren vertreten, die Hundezucht als patriotische Aufgabe betrachteten. Sie wollten deutsche Hunderassen als Kulturgut sichern und die kynologische Hegemonie der Engländer und Franzosen brechen. Vor allem England, das Mutterland der Hundezucht, hatte nach der Revolution von 1848 großen Einfluss auf die Entwicklung der deutschen Jagdhunde. Die neuen bürgerlichen Jäger importierten elegante Pointer und Setter, sozusagen die Vollblutpferde unter den Vorstehhunden, absolute Spezialisten, die noch nicht einmal zum Apportieren des geschossenen Wildes abgerichtet werden. Nur suchen und anzeigen sollen sie es. Das Bringen übernehmen in England die Retriever, die ihrerseits auf diesem Gebiet unübertroffene Experten sind. Als Stöberhunde kamen in Deutschland die verschiedenen englischen Spanielschläge in Mode. Die bodenständigen deutschen Landrassen, die schwerfälligen, alten Hühnerhunde wie auch die Stöberer, verschwanden langsam. Sie waren für vielfältige Aufgaben verwendbar gewesen.

Der Anglomanie und dem englischen Spezialistentum wollten nach der Reichsgründung wackere deutsche Hundeleute ein Ende bereiten. Bei den Stöberhunden waren das der in Wien gebürtige Kolonialoffizier Friedrich Roberth, genannt der »Africander«, und, einige Jahre später, als der sprunghafte Weltenbummler Roberth das Interesse am Wachtelhund verloren hatte und sich dem Boxer zuwandte, der Forstmeister Rudolf Frieß. Der bewies langen Atem und prägte die Wachtelhundzucht über zwei Weltkriege hinweg bis in die Mitte der Sechzigerjahre des vorigen Jahrhunderts. Aus Restbeständen des alten deutschen Stöberhundes baute er die Rasse Deutscher Wachtelhund auf. Unermüdlich warb er für sie in den Jagd- und Hundezeitschriften und setzte ihr mit dem Buch *Hatz Watz* ein literarisches Denkmal. Als wahres Wundertier erscheint der Wachtel in den Lobgesängen, die der »Wachtelvater« Frieß auf ihn anstimmte: »Meine Wachtel haben mich bei der Pirsch im Hochgebirge auf Hirsch und Gams begleitet, das schärfste Gelände und tiefsten Schnee in tagelangen Gewaltmärschen überwindend; sie haben mir kranke Hirsche und Gamsböcke am Riemen ausgearbeitet, weidwunde und laufkranke Hirsche nach stundenlangen Hetzen und tagelangen Nachsuchen zu Stande gejagt, gekrellte Böcke im reißenden Wildbach gefangen, den angeschossenen Fuchs bis in den Bau verfolgt und ihn gewürgt. ... Sie haben mir den leicht gezwickten Hasen nach stundenlanger Jagd gefangen, gebracht oder verwiesen; den Spielhahn, der weidwund im Nebel ins Moos strich, gefunden und gebracht, die laufende, geflügelte Schnepfe bei der Nacht im Bruch gefangen, wie den Fasan im Rohr, das Huhn im dichten Kartoffelkraut, die Ente aus Schilf, Tang, Eiswasser und Treibeis geholt«.

Was ein echter Jägersmann so erleben kann, wenn er einen Wachtelhund hat! Ein gekrellter Bock ist übrigens einer, den die Kugel nur am Rücken gestreift hat, was eine kurze Bewusstlosigkeit zur Folge haben kann, wenn durch die Kugel der Dornfortsatz eines Wirbels einen Schlag bekommt. Der Jäger, der sich seiner Beute sicher wähnt, wundert sich, wenn die plötzlich wieder aufsteht und das Weite sucht. Erschwert dann noch ein reißender Wildbach die Verfolgung, hilft nur noch der Wachtel. Ich habe mit Viko eine solche Situation zwar noch nicht erlebt, aber es ist gut, ihn an meiner Seite zu wissen, sollte mir je ein Bock in einen reißenden Wildbach entkommen.

Noch heute wird der Wachtelhund ausschließlich für die Jagd gezüchtet und nur an Jäger abgegeben. Warum er seinen Namen hat, obwohl er zur Jagd auf Wachteln in keiner näheren Beziehung steht, dafür ist in der Fachliteratur keine schlüssige Erklärung zu finden. Seine internationale Bezeichnung lautet »German Spaniel«.

In Nordamerika und Skandinavien wird er inzwischen auch gezüchtet. Man spricht von einer internationalen Wachtelgemeinde. Der gehöre ich an. Weil Viko langsam in die Jahre kommt, habe ich mir einen zweiten Wachtel zugelegt, den ebenso liebenswürdigen wie stürmischen Fips. Mit niemandem verbringe ich den Tag über mehr Zeit als mit diesen beiden Hunden.

Wie komme ich zu solchen Hunden? Vikos Vorgänger war ein Deutscher Jagdterrier namens Pit. Auch bei dieser Rasse hatte Frieß seine Finger im Spiel. Wieder ging es gegen die Engländer, allerdings zwei Jahrzehnte später als bei den Wachteln. In den Zwanzigerjahren versuchte man in Deutschland aus den englischen Foxterriern, die man durch Schönheitszucht für verdorben hielt, einen ursprünglichen, rattenscharfen kleinen Hund zu züchten, der vor nichts Angst hatte, insbesondere nicht vor Fuchs und Dachs unter Tage. Das ist gelungen. Man züchtete mit Foxterriern, die die falsche Farbe hatten, schwarzrot, *Black and Tan*, und kreuzte noch einige andere Terriersorten ein. Pit war schon eine gemäßigte Version dieser Giftzwerge. Im Haus erwies er sich als umgänglich und anschmiegsam. Keinem Kind hat er je etwas zuleide getan. Aber er verschwand beim Stöbern doch allzu oft und allzu lange in Fuchsbauten. Erst als er alt war und sich eine ordentliche Wampe angefressen hatte, ließ er das sein. Er war zu dick geworden für unterirdische Abenteuer. Seine letzten Lebensjahre verbrachten wir eher gemütlich miteinander. Er blieb an meiner Seite. Und wenn es galt, ein geschossenes Reh oder Wildschwein im Unterholz zu finden, konnte ich mich auf ihn verlassen. Er fand es. In aller Ruhe.

Pit wurde zwölf Jahre alt. Als er gestorben war, stellte sich die Nachfolgefrage. Ist es Gefühlsrohheit, wenn sich in die Trauer um den einen Hund bald die Vorfreude auf den nächsten mischt? Ohne Hund fühle ich mich unvollständig. Ein Jahr hielt ich es immerhin aus. Dann verbrachte ich mit meiner Frau ein schönes Wochenende in der nordöstlichen Uckermark. Ich wusste einen Wachtelhundzüchter in der Nähe, und wie das so geht, schauten wir bei dem einmal vorbei. Denn von dem Gedanken, mir wieder einen Jagdterrier anzuschaffen, hatte ich mich verabschiedet. Ich wollte nicht mehr vor einem Erdloch auf meinen Hund warten. Bei Wachtelhunden kommt so etwas selten vor. Und auf vielen Jagden hatte ich erlebt, dass sie nicht nur leidenschaftliche Jäger, sondern auch Hunde von einer geradezu sonnigen Freundlichkeit sind. Ein Wachtel also sollte es sein. Den Rest erledigte der Charme, den der letzte noch zu vergebende Welpe des Züchters am Stettiner Haff aufbrachte. So kam Viko, mit vollem Namen »Viktor vom Thelehaus«, nach Berlin.

In der Hundeszene meines Viertels, das darf ich ohne Übertreibung sagen, ist ein Wachtelhund eine auffallende Erscheinungen. Noch nie ist uns hier auf unseren Spaziergängen ein anderer Wachtelhund begegnet. Einmal sah ich einen, als ich im Polizeipräsidium am ehemaligen Flughafen Tempelhof meinen Jagdschein verlängerte. Der Wachtel saß geduldig am Eingang und wartete auf seinen Herrn. Die Chance, in Berlin Wachtelhunde zu sehen, ist an diesem Ort, den jeder Berliner Jäger mindestens alle drei Jahre aufsuchen muss, wohl am größten. In meinem Berliner Wohnviertel sind aktive Jagdhunde die Ausnahme. Es kommt allerdings vor, das Eltern ihre hier studierenden Kinder besuchen oder ihre Enkel, und dann sehe ich manchmal einen Vater oder Großvater aus Lüdenscheid oder Ludwigsburg am frühen Morgen seinen Deutsch Drahthaar oder Bayerischen Gebirgsschweißhund im Park spazieren führen. Die Gegend ist ihm offensichtlich nicht geheuer. Als Jäger mit Jagdhund fremdelt er zwischen all den Kinderspielplätzen und Mutter-Kind-Cafés. Manche geben sich auch trotzig, lassen ihre Jagdstiefel auf den geharkten Wegen knirschen und rufen ihren Hunden harsche Kommandos zu, was dazu führen kann, dass ein verschlafener Punker, der, gewärmt von zwei Hunden unbestimmbarer Abstammung, die Nacht im Park verbracht hat, grölend die Bierflasche erhebt.

Die meist ziemlich gut erzogenen Promenadenmischungen der Punks bilden einen wesentlichen Teil der großstädtischen Hundeszene. Immer stärker aber schieben sich die Hunde junger Familien ins Bild. Sehr oft sind das Golden oder Labrador Retriever, die ihren jagdlichen Ursprüngen längst entfremdet sind. Brav begleiten sie die Mutter, die ihre Kinder zum Musikunterricht oder zum Töpfern bringt. Anschließend geht es in die Hundeschule, wo der Familienhund lernt, sich sicher im Getümmel des Großstadtverkehrs zu bewegen, vor allem, an jedem Bordstein so lange sitzen zu bleiben, bis das Kommando zum Überqueren der Straße kommt. Moderne junge Familien investieren viel in ihre Kinder und in ihre Hunde. Als dritter markanter Teil der Hundeszene meines Viertels treten jene Hunde in Erscheinung, die ich die Fifis nenne: Hündchen unterschiedlicher Rasse oder Rassenmischung, die meist zu einer älteren Frau, seltener zu einem älteren Mann gehören.

So unterschiedlich die gesellschaftlichen Milieus sind, in denen diese Hunde leben, so erfüllen sie in ihnen doch ein und dieselbe Funktion. Sie sind Sozialpartner und nichts sonst. Man sollte vorsichtig sein mit dem Urteil, dass das ein bisschen wenig für ein Hundeleben sei.

Wir kennen alle dieses Bild: Eine alte Frau geht mit ihrem Hündchen im Park spazieren. Vielleicht ist es ein kleiner Pudel, ein Spitz oder irgendeine Promenadenmischung. Die dezent violett getönten Dauerwellen der alten Dame sitzen bombenfest. Weil es kalt ist, trägt das Hündchen ein Mäntelchen aus Loden. Es ist auch nicht mehr das Jüngste. Dass es steif ist im Kreuz, ist ebenso wenig zu übersehen wie sein Übergewicht. Die Frau redet mit ihm. Sie nennt es, sagen wir, Mopsi. Niemand nimmt von den beiden Notiz. Kann sein, die Nachbarin findet irgendwann die alte Dame tot in ihrer Wohnung. Sie schaute erst nach, als das Hündchen immer dringlicher jammerte.

Den Hund als letzten Begleiter in einem einsamen Alter sind wir geneigt, als eine Erscheinung gesellschaftlicher Degeneration zu werten. In der anonymen Massengesellschaft greifen diejenigen, die nicht mehr mithalten können, deren familiäre Netzwerke zerrissen sind, die ihren Partner verloren haben, auf den sie fast ihr gesamtes bisheriges Leben ausgerichtet hatten, zu vierbeinigen Krücken. Sie kommen auf den Hund und die Hunde angeblich auch. Jedenfalls ist einer Gesellschaft, in der vor allem die Leistung zählt, die

Vorstellung fremd, dass ein Hund, dessen einzige Aufgabe darin besteht, da zu sein, glücklich sein könnte. Muss ein Hund nicht jagen oder Schafe hüten oder ein Haus bewachen oder Lawinenopfer retten oder Drogenschmuggler aufspüren oder Blinde durch den Straßenverkehr lotsen? Muss er nicht eine Aufgabe haben, damit er wirklich Hund sein kann? Es ist schön, wenn er eine solche Aufgabe hat. Vor allem aber muss er in der Tat da sein. Das ist seine Urbestimmung. Damit fing es an. Die alte Frau und ihr Hund spielen eine Urszene aus dem Morgengrauen der menschlichen Zivilisation nach. Ihre Beziehung ist alles andere als denaturiert.

Noch der große Verhaltensforscher Konrad Lorenz glaubte, dass der Mensch durch die gemeinsame Jagd mit den wilden Vorfahren des Hundes auf diesen gekommen sei. Fälschlicherweise betrachtete Lorenz den Schakal als Stammvater des Hundes. Heute ist es durch genetische Untersuchungen gesichert, dass alle Hunde, vom Pekinesen bis zur Dogge, vom Wolf abstammen. Aber Lorenz' Irrtum spielt in unserem Zusammenhang keine Rolle. Für ihn stellte sich die Urszene der ersten Domestikation – der Hund ist das älteste Haustier – ungefähr so dar: Menschen und wilde Caniden (Hundeartige) lebten viele Tausend Jahre in enger Nachbarschaft. Sie zogen mit den großen Wildherden durch die eiszeitliche Tundra. Die vierbeinigen Jäger spürten Wild auf und stellten es, die Zweibeiner töteten es mit ihren Speeren. Zum Dank für die Vorarbeit der Spürnasen überließen sie ihnen einen Teil der Beute. So gewöhnten sich beide aneinander und entwickelten eine immer engere Symbiose.

Wer heute mit einem gezähmten Wolf diese Szene nachspielen wollte, würde schnell merken, dass es so nicht gewesen sein kann. Der Wolf mag noch so anhänglich sein, seine Beute wird er bis aufs Blut verteidigen. Ein gezähmter Wolf ist auch für alle anderen Hundeaufgaben völlig ungeeignet. Er kann kein Grundstück bewachen, weil er vor allem Fremden flüchtet. Seine geringe Eignung zum Schafehüten versteht sich von selbst. Stubenrein wird er unter keinen Umständen. Vor allem aber: Wenn er nicht unmittelbar nach der Geburt der Mutter weggenommen und mit der Flasche aufgezogen wird, schließt er sich dem Menschen überhaupt nicht an. Er bleibt ein Wildtier, das sich der Kommunikation mit dem Menschen weitgehend verweigert.

Wie also könnte sie vonstattengegangen sein, die Hundwerdung des Wolfes? Erik Zimen, ein Schüler von Konrad Lorenz, war zeitlebens von dieser Frage besessen. Er suchte das entscheidende Glied, das in der Jagdhypothese fehlt. Einige Jahre vor seinem Tod – er starb 2003 – besuchte ich ihn auf seinem Einödhof in Niederbayern. Wir führten ein langes Gespräch über Wölfe, Hunde, die Jagd und die Frauen, das heißt also ein Gespräch über den Ursprung der menschlichen Kultur, und kamen zu dem Schluss: Wir beschritten den Pfad der kulturellen Evolution nicht allein. Wölfe und Hunde begleiteten uns, lange bevor wir anfingen, Schafe oder Rinder zu Nutztieren zu machen.

Die natürliche Nachbarschaft von Wölfen und menschlichen Steinzeitjägern liegt ebenso auf der Hand wie die große Ähnlichkeit ihrer sozialen Organisation, ihrer Jagdstrategien und ihres Beutespektrums. Wölfe und Menschen haben sicher voneinander profitiert. Sie machten sich gegenseitig ihre Beute streitig. Mal blieb den einen das Aas, mal den anderen. Mal fraßen Wölfe in mageren Zeiten einen Menschen, mal war es umgekehrt. Aber meistens sprang doch beim Jagderfolg der einen auch für die anderen etwas heraus. Es wird auch vorgekommen sein, dass sich Wolfsrudel darauf spezialisierten, von den Abfällen im Umkreis menschlicher Jagdlager zu leben. Dieses Verhaltensmuster trugen sie von Generation zu Generation weiter. Bevor es Hunde gab, muss es solche »Pariawölfe« gegeben haben. Wahrscheinlich lebten Wolf und Mensch in dieser Form jahrtausendelang nebeneinander, ohne dass eine Domestikation des Wolfes stattfand. Die Wölfe blieben Wölfe, die zwar die Nähe des Menschen suchten, ihn aber nicht als Sozialpartner betrachteten. Das geschieht nur, wenn Wölfe praktisch von Geburt an vom Menschen großgezogen werden.

Man kann sich vorstellen, dass Jäger Wolfswelpen, deren Mutter sie getötet hatten, ins Lager brachten. Wie aber ging es dann weiter? Rinder, Schafe oder Ziegen, mit deren Milch die Kleinen hätten aufgepäppelt werden können – um sie später bei Bedarf zu verspeisen –, gab es ja noch nicht. Die einzige Milchquelle waren die Frauen. Sie müssen also junge Wölfe zusammen mit ihrem eigenen Nachwuchs großgezogen haben. Anders ist es nicht vorstellbar, dass ein Tier wie der Wolf, das sich ja nicht wie ein Schaf oder eine Ziege in einen primitiven Pferch einsperren lässt, beim Menschen bleibt, ihm folgt und in seiner Hütte lebt. Die erste und vielleicht größte Revolution der Menschheitsgeschichte, die

Domestikation des Wolfes, war also Frauensache. Nicht die Jäger zähmten sich ihren Jagdgehilfen. Es war kein Plan, keine Vorausschau im Spiel bei der Erschaffung des Hundes. Sie vollzog sich gewissermaßen absichtslos.

Warum zogen die Frauen Wolfswelpen auf? Zimen hat auf seinen Forschungsreisen zu Nomadenstämmen in Ostafrika die besondere Beziehung zwischen Frauen und Hunden studiert. Zwar stehen die Turkana im Nordwesten Kenias nicht mehr auf der Kulturstufe der Jäger und Sammler. Sie sind Viehzüchter und nur gelegentlich Jäger. Aber ihre Hunde haben den Übergang zum Jagd- oder Hirtenhund, zum Helfer des Mannes, noch nicht vollzogen. Sie gehören den Frauen, sind Spielkameraden der Kinder, und – das scheint ihre wichtigste Funktion – sie fressen diesen Kindern den Kot praktisch schon unter dem Popo weg und halten so Hütte und Lager sauber. Windeln auf vier Füßen – ob das der »unheroische Anfang unserer Zivilisation« gewesen sei, fragt Zimen? Vieles spreche dafür, schreibt er in seiner Monografie *Der Hund*. Das Vertilgen des Kots der Jungen gehört zum angeborenen Verhaltensrepertoire aller Wildhunde. Die Angehörigen eines wilden Wolfsrudels reißen sich geradezu darum, diese Aufgabe zu übernehmen. Es ist ein Verhalten, das dem zahmen Wolf in der menschlichen Gemeinschaft einen sozialen Nutzen gibt, der nicht erst durch Zucht, durch Selektion auf besondere Eigenschaften hin, erzeugt werden muss. Der an der Frauenbrust gepäppelte Wolf mutierte zum Kindermädchen und wurde dann erst zum Hüter der Herden und zum Jagd- und Kriegsbegleiter der Männer. Ein spiegelverkehrtes Echo dieser Frühzeit hat sich im mythischen Gedächtnis der Menschheit erhalten. Eine Wölfin, die Menschenkinder säugte, war an der Gründung der Welthauptstadt Rom entscheidend beteiligt.

Am Anfang der Zivilisationsgeschichte stand also nicht die heroische Zähmung der wilden Bestie. Die Frauen werden vor allem die Wölfe behalten haben, die besonders anschmiegsam und zutraulich waren. Auf diese Weise fand eine Selektion statt. Und nach und nach wurde die Fortpflanzungsschranke zwischen den Hauswölfen und ihren wilden Verwandten errichtet. Wenn es erst einmal so weit ist, das haben neuere Forschungen ergeben, geht es mit der Haustierwerdung sehr schnell, gemessen jedenfalls am Zeitmaß der natürlichen Evolution. Den Hauswölfen schrumpfte das Hirn, dafür wuchsen die Keimdrüsen. Die Ohren wurden schlapp, die Schwänze kringelten sich, kindliches Verhalten hielt sich bis ins Alter. Der Hund war geboren – lange bevor er all die Dienste übernahm, die er uns heute leistet. Man muss sich an den Gedanken gewöhnen, dass es das Kuschelbedürfnis war, das unsere steinzeitlichen Vorfahren vor etwa 30 000 Jahren zum ersten großen Akt menschlicher Naturbeherrschung trieb, der Erschaffung des Hundes. So mag es gewesen sein. Auf die Frage, wie der Mensch zum Hund kam, habe ich noch keine plausiblere Antwort gefunden als die, die Erik Zimen gibt. Seine Theorie hat außerdem den Vorteil, dass man sie als wunderbare Geschichte mit einer schönen Pointe erzählen kann. Solange niemand eine bessere erzählt, halte ich sie für wahr. Das ist guter wissenschaftlicher Brauch.

Während ich dies schreibe, liegen Viko und Fips unter

dem Schreibtisch und träumen vom Jagen. Das denke ich mir jedenfalls. Ich weiß nicht, ob sie einen Hasen hetzen oder gerade einem Wildschwein auf die Schwarte rücken. Ich weiß überhaupt nicht, was in ihren Träumen geschieht. Wahrscheinlich sind diese Träume eher ein Strom von Gerüchen als einer von Bildern. Die elementarsten Erfahrungen meiner Hunde sind mir nicht zugänglich. Aber wenn sie aufwachen, werden sie mich mit ihren Schnauzen anstupsen. Die Aufforderung, irgendetwas Interessantes zu unternehmen, am besten natürlich, auf die Jagd zu gehen, ist unmissverständlich. Wenn ich nun weiter auf dem Laptop klappere, wissen die beiden, dass da in ihrem Sinne gerade nichts zu machen ist. Sie rollen sich wieder zusammen und schlafen weiter. Obwohl wir in verschiedenen Welten leben, verstehen wir uns. Auf der Jagd zeigt sich dieses Verständnis in gesteigerter Form. Dann wollen wir beide dasselbe: Beute machen.

FÜNFTES KAPITEL

Der Hirsch

Während ich am Schreibtisch sitze, schreien um Berlin herum die Hirsche. Es muss so sein in diesen Tagen Ende September. Die Nächte sind kühl, die Tage noch spätsommerlich warm – ideale Bedingungen für eine laute Brunft. Jäger und Förster sagen, die Hirsche »schreien«. Der Laie sagt »röhren«, und er denkt dabei an ein Tier mit mächtigem Geweih, das mit zurückgelegtem Haupt vor majestätischer Bergkulisse einem Rudel anmutiger Hirschkühe brüllend seinen testosterongeschwängerten Atem entgegenschleudert. Gerade hat er in ritterlichem Gefecht mit einem Rivalen die Geweihstangen gekreuzt und sich als Platzhirsch behauptet. Der Herausforderer gibt Fersengeld. Als Schatten seiner selbst verdrückt er sich aus der Szene. Der Platzhirsch aber wird jetzt sein Harem rudeln, mit Argusaugen darüber wachen, dass ihm keines seiner Weiber abhandenkommt und eines nach dem anderen begatten, wenn der Eisprung es befiehlt. So geht das bis in den Oktober. Der Platzhirsch frisst kaum etwas in diesen Wochen. Er wird schwächer und schwächer. Die Zunge hängt ihm aus dem Hals, seine Flanken fliegen in hechelnder Anstrengung, seine Brunftrute tropft unablässig. Wenn er Pech hat, fordert ihn gegen Ende der Brunft ein Jüngerer heraus, weist ihn in die Schranken und stürzt ihn vom Thron.

Früher hing diese bildgewordene Schicksalsmelodie

des Patriarchats in Öl gemalt oder als tausendfach reproduzierter Kunstdruck in vielen deutschen Wohnzimmern, manchmal auch im Schlafzimmer, wenn auch dort im Allgemeinen die Putti aus Raffaels »Sixtinischer Madonna« und Dürers »Betende Hände« ihren angestammten Platz hatten. Das hat nun alles seinen Weg über Haushaltsauflösungen, Flohmärkte und den Kunsthandel genommen. Verschwunden ist es nicht. Es taucht, erfrischt durch ausgiebige Ironiebäder, in neuen kulturellen Zusammenhängen wieder auf. Wenn ich in Berlin bleiben und arbeiten muss und nicht in die Schorfheide, die Prignitz, das Havelland, den Fläming oder den Spreewald fahren kann, um die Hirsche schreien zu hören, so muss ich doch auf Hirsche nicht ganz verzichten. Im Gegenteil: Ich kann ihnen kaum entgehen. Beim Frisör um die Ecke werden mir die Haare unter einem Zwölfender geschnitten. Ein schnelles Bier gibt's im »Weißen Hirsch«. Und die Schaufenster mancher Warenhäuser und Boutiquen haben sich in regelrechte Brunftplätze verwandelt, auf denen Deko-Hirsche en miniature oder in Lebensgröße beim großstädtischen Publikum die Land-, Wald- und Berglust herauskitzeln sollen. Kulturell ist der Hirsch wieder auf dem Vormarsch. Der König der Wälder, er thront, wie verfremdet auch immer, nach wie vor nicht nur auf dem Etikett eines bekannten Kräuterlikörs in der Seelenlandschaft auch des naturfernsten Großstädters. Er ist in unser kulturelles Gedächtnis eingeschrieben, seit unsere steinzeitlichen Vorfahren ihn als Jagdzauber an Höhlenwände pinselten.

Ein bisschen Jagdzauber muss sein. Sonst wird das

auch mit dem Schreiben nichts. In meinem Arbeitszimmer sind die Wände deshalb nicht nur mit Büchern zugestellt. Es hängen da auch einige Geweihe, Gehörne und Zähne. Eigentlich mache ich mir nichts aus Trophäen. Ein paar hebe ich als Erinnerung auf. Das Geweih des Rehbocks zum Beispiel, den ich just im Moment der Sonnenfinsternis 1999 schoss. Meine zwei Gamskrucken erbeutete ich nach mühseliger Kletterei in Tirol und in der Steiermark. Die ziemlich eindrucksvollen Waffen eines Keilers stammen aus dem nordhessischen Reinhardswald. Mein Elch ist aus Plüsch und vielleicht ein Versprechen auf die Zukunft. Mein Hirsch aber ist echt. Er hängt über meinem Computer. Es handelt sich um ein Hirschlein, einen Sechsender, eine Stange ist in der Mitte abgebrochen. Zwei oder drei Jahre alt muss der Hirsch gewesen sein, ein Abschusshirsch Klasse III. Hirsche dieser Kategorie werden neben Jung- und Kahlwild, also den Kälbern, den einjährigen Schmaltieren (weiblich) und Schmalspießern (männlich) und den Alttieren (das sind die Hirschkühe), bei den großen Bewegungsjagden in den Landes- oder Bundesforsten, die der Reduktion der Rotwildbestände dienen, oft freigegeben. So hat auch der Jäger, der nicht Tausende Euro für den Abschuss eines kapitalen »Erntehirsches« ausgeben kann oder will, die Chance auf ein knöchernes Erinnerungsstück mit vier, sechs oder acht Enden. Hauptsache ist, dass die Geweihstangen nicht dreiendig in einer »Krone« auslaufen. Schießt man einen Kronenhirsch tot, wird das teuer, denn Kronenhirsche sind »Zukunftshirsche«. Sie sollen alt werden, sich vererben und irgendwann einmal einen Batzen Geld bringen. In jüngster Zeit allerdings rücken manche Landesforstverwaltungen von dieser Regel ab und geben, wenn junge Hirsche geschossen werden sollen, alle frei, solche mit und solche ohne Krönchen. Man darf über eine Abkehr vom Trophäenkult eben nicht nur reden, sondern muss auch sichtbare Zeichen dafür setzen.

Ich war auf dem Truppenübungsplatz Munster zur Jagd eingeladen, in ein wahres Hirschparadies also, wie überhaupt Truppenübungsplätze die größten Hirschparadiese in Deutschland sind. Vom militärischen Übungslärm lässt sich das Rotwild in diesen riesigen Wald- und Heidegebieten nicht stören. Sonstige Störungen durch Wanderer, Pilzsammler, Mountainbiker, Hunde oder Reiter gibt es nicht. Die halb offene, von Schießbahnen durchzogene Landschaft kommt dem natürlichen Habitat der Rothirsche ziemlich nahe. Wenn man Glück hat, bekommt man hier Hirschrudel zu sehen, die so groß sind, dass es schwerfällt, nicht von Herden zu sprechen. Bei solchem Anblick stellt sich bei mir das »Serengeti-Gefühl« ein, eine Art Urzufriedenheit des Raubtiers und Jägers angesichts dieses Überflusses an großen Pflanzenfressern.

Warum die Hirsche Herden bilden, merkte ich dort allerdings auch. Ein vielleicht fünfzig- oder sechzigköpfiges Rudel kam auf mich zu, lauter Alttiere mit ihrem diesjährigen und vorjährigen Nachwuchs, ein Verband von Mutterfamilien, angeführt vom Leittier, der Hirschkuh mit dem höchsten Rang. Beim Rotwild, so nennt der Jäger das Hirschwild wegen seines im Sommer rotbraunen Fells, bestimmt das Matriarchat die Sozialstruktur. Da darf man sich durch das männliche Getümmel auf den Brunftplätzen nicht täuschen lassen. Die männlichen Hirsche leben außerhalb der Brunft in mehr oder weniger missmutigen Männergruppen von den Weibchen getrennt und sind hauptsächlich damit beschäftigt, genug zu fressen, um sich von den Paarungsstrapazen zu erholen und ihren monströsen Kopfschmuck aufzubauen, den sie im Spätwinter und zeitigen Frühjahr abwerfen und der dann in aberwitziger Geschwindigkeit bis zum Spätsommer erneut wächst.

Das Rudel zog gemächlich über das Gelände. Von dem kleinen weißen Terrier, der ihm auf den Fersen war, ließ es sich kaum stören. Es wich ihm aus, aber es verfiel nicht in rasende Flucht. So soll es sein bei Drückjagden. Hunde sollen das Wild in Bewegung bringen, es aber nicht hetzen. Nichts leichter, dachte ich mir, als aus diesem Rudel ein Kalb herauszupicken. Das war falsch gedacht. War es schon schwer, sich in dem Geschiebe von Wildkörpern auf ein Tier zu konzentrieren, so erwies es sich erst recht als unmöglich, einen Schuss anzubringen, ohne ein anderes Tier zu gefährden. Das Rotwild klumpte zusammen, als wisse es um die Fesseln der Jagdethik, die dem Jäger auferlegt sind. Das Rudel zog vorbei, die Kugel blieb im Lauf. Als sich meine Anspannung gelegt hatte, spürte ich, dass sich in meinem Rücken etwas tat. Sehr, sehr langsam drehte ich mich um. Zwei Hirsche zogen durch das Stangenholz, kaum fünfzig Meter von mir entfernt. Immer wieder blieben sie stehen und hoben die Nasen in den Wind. Die Situation war ihnen nicht geheuer. Zu Recht. Schutzlos waren die Jünglinge und allein. Sie glichen einander wie Zwillinge. Nur bei dem einen fehlte ein Stück vom Geweih.

Bescheiden wie ich bin, schoss ich diesem unvollständigen Hirsch hinters Blatt. Er folgte seinem Gefährten noch einige flotte Trabschritte, blieb wie angewurzelt stehen und fiel um. Es war ein kleiner Hirsch, doch das größte Tier, das ich bis dahin geschossen hatte. Mit einer Seilwinde hievten wir ihn auf einen Pick-up. Bei der Rotwildjagd begibt man sich einfach in andere Dimensionen. Mit Rucksack und PKW-Kofferraum kommt man da nicht weiter. Den Hirschkopf legte ich auf der Heimfahrt vor den Beifahrersitz. Beim Absägen der Schädelplatte mit den Geweihstangen kam schweres Gartengerät, beim Auskochen ein alter Marmeladenkessel zum Einsatz. Manchmal fällt mein Hirsch von der Wand, weil er nur an einem Nagel hängt. Ich habe es immer noch nicht geschafft, ihn auf ein ordentliches Trophäenschild zu montieren. Inzwischen gefällt mir das Provisorium. Außerdem will ich alles vermeiden, was an Hirschkult erinnert. Denn der Hirschkult gehört zu den fragwürdigsten Aspekten der Jagd in Deutschland. Er steht im Zentrum des Trophäen-Unwesens.

Bevor wir den Hirsch nun weiter kulturhistorisch zerwirken, sollten wir ihn uns wenigstens in groben Zügen zoologisch vor Augen führen. Denn er ist allein schon von seiner Natur her ein faszinierendes Tier. Jeder Jagdscheinanwärter lernt, dass Cervus elaphus zur Unterfamilie der »Echthirsche« gehört. Die haben sich entwicklungsgeschichtlich schon vor Millionen von Jahren von den »Trughirschen« getrennt, zu denen zum Beispiel das Reh, der Elch und das Rentier gehören. Echt- und Trughirsche unterscheiden sich in manchen Details im Aufbau der Gliedmaßen, von außen erkennbar aber dadurch, dass Trughirsche keine Voraugendrüse und damit auch keine Augengrube haben. Mit dieser systematischen Einordnung sollte das immer noch weitverbreitete Missverständnis aus der Welt geschafft sein, das Reh sei die Frau vom Hirsch. Reh und Hirsch sind viel weniger miteinander verwandt als etwa Pferd und Esel. In Deutschland vorkommende Echthirsche sind neben dem Rothirsch noch der Damhirsch und – in wenigen Inselvorkommen – der Sikahirsch, der ursprünglich aus Ostasien stammt. Rothirsche sind die größten bei uns frei lebenden Säugetiere. Ein männliches Tier kann eine Schulterhöhe von 1,40 Meter erreichen und 300 Kilo schwer werden. Von seinen Fressgewohnheiten her zählt das Rotwild zum Intermediärtyp. Es steht zwischen den Raufutterfressern wie etwa den Rindern, die rasenmäherartig grobes Gras in sich hineinschlingen und es in ihrem gewaltigen Pansen durch Bakterien zersetzen lassen, und den Konzentratselektierern, zu denen das Reh gehört. Die haben einen viel kleineren Pansen und sind auf eiweißreiches Grün, also frische Triebe und Knospen angewiesen. Das Rotwild frisst sowohl Gras als auch Knospen, es verschmäht Eicheln, Bucheckern, Kastanien, Beeren und Pilze nicht und schält auch die Rinde von jungen Bäumen, teils aus Langeweile, teils weil es die Mineral- und Gerbstoffe braucht. Auf den Feldern macht es sich über Getreide, Raps, Rüben und Kartoffeln her. Man sieht also schon am Speisezettel des Rotwildes, dass es eigentlich nicht in den dunklen Forst gehört, in den es heute weithin zurückgedrängt ist. Es ist eigentlich ein Bewohner halb offener Auen- und Parklandschaften, der jahreszeitlich weite Wanderungen unternimmt. Dem offenen Lebensraum angepasst ist auch sein Sozialverhalten als Rudeltier. Nur wenn die Hirschkühe im Mai/Juni nach achtmonatiger Tragezeit ihre Kälber bekommen – in aller Regel eines, selten Zwillinge –, sondern sie sich für einige Wochen vom Sozialverband ab. In den ersten Lebenstagen liegen die weiß gefleckten Kälber, die dann fast schon so groß sind wie ein ausgewachsenes Reh, in einem Versteck. Die Mütter entfernen sich nur mit dem Wind von ihnen und sind durch ein Geruchsband mit ihnen verbunden. Die Voraugendrüsen des Kalbs sondern Geruchsstoffe ab. Sie schließen sich, wenn es unter Stress gerät. So reißt das Band, und die Mutter eilt zu ihrem Jungen, um es gegebenenfalls zu verteidigen. Ich bin voller Bewunderung für dieses olfaktorische Babyphon.

Dass das Rotwild in dichten Fichtenmonokulturen am falschen Platz ist, wird am augenfälligsten durch das Geweih der Hirsche. Im Wald ist dieses gewaltige Knochengebilde nur hinderlich. Der Hirsch stößt damit überall an. Neben den Trittsiegeln seiner Klauen, die genau zu lesen eine Wissenschaft für sich ist, besteht seine Fährte deshalbauch aus »Himmelszeichen«. Der Jäger muss nach oben schauen, um sie zu finden. Das Geweih wird jedes Jahr neu aus Knochensubstanz gebildet, unterscheidet sich also grundlegend von den Hörnern der Rinder, Schafe, Ziegen oder Gämsen, die als Hornschläuche auf Knochenzapfen sitzen und kontinuierlich wachsen. Sie sind Gebilde der Haut, nicht des Skeletts. Im zweiten Lebensjahr »schiebt« der Hirsch meistens einfache Spieße, im nächsten Jahr dann ein Gabel-, Sechser- oder Achtergeweih. An der Zahl der

Enden kann man sein Alter nicht ablesen. Es werden die Enden beider Geweihstangen zusammengezählt. Ein Achtender hat also an jeder Stange vier. Hat er an einer nur drei, wird er nicht zum Siebenender, sondern bleibt ein Achtender, allerdings ein »ungerader«.

Der Höhepunkt der Geweihentwicklung und auch der Vitalität insgesamt ist mit etwa zehn Jahren erreicht. Dann geht es in der Regel schnell bergab. Wenn die Hirsche im Frühjahr kahl sind, wirken sie ziemlich lächerlich. Sie verstecken sich dann wie jemand, dem die Haare ausgefallen sind. Die mit einer Samthaut, dem Bast, umhüllten frischen Kolben sind sehr empfindlich. Die Hirsche gehen in dieser Zeit des Geweihwachstums ungewöhnlich sorgsam mit sich und anderen um. Im Hochsommer beginnt es im Geweih furchtbar zu jucken. Die Hirsche »fegen« sich nun den Bast an Büschen und jungen Bäumen herunter. Durch Pflanzensäfte färben sich die weißen Knochenstangen schnell dunkelbraun. Haben sie den Sommer über noch als »Feisthirsche« fressend und dösend friedlich miteinander in Männerrudeln verbracht, werden sie im September zu erbitterten Konkurrenten um die nun nach und nach in die Brunft kommenden Weibchen.

Diese zoologischen Fakten zeigen, dass im Rotwild ein erhebliches Konfliktpotenzial mit der Forst- und Landwirtschaft steckt. Der Streit ums Rotwild ist uralt. Aber bis ins 19. Jahrhundert hinein, letztlich bis zur Revolution von 1848, hatten die Bauern nichts zu sagen, und eine am Holzertrag orientierte Forstwirtschaft entstand damals erst. Die Wälder und eben auch die Felder boten die Bühne für fürstliches und grundherrschaftliches

Jagdvergnügen. Dem edlen Hirsch kam dabei eine Hauptrolle zu. Nach der Revolution, wir haben das im Kapitel über die Geschichte des Reviersystems schon gesehen, dezimierten bäuerliche und bürgerliche Grundbesitzer das Rotwild, wo sie konnten. In den Forsten des Adels wurde es aber weiterhin gehegt, und es entwickelte sich am Ende des 19. Jahrhunderts auch im Bürgertum ein Jagdverständnis, das um die starke Hirschtrophäe einen bizarren Kult trieb. Das in den Jagdgesetzen festgeschriebene Ziel, den Wildbestand mit den »landes-kulturellen Verhältnissen«, also den Interessen der Land- und Forstwirtschaft in Einklang zu bringen, wurde darüber allzu oft vergessen. Das war auch im Wirtschaftswunderland Bundesrepublik so. In schöner Eintracht züchteten Jäger und Förster Rotwildbestände heran, die Walderneuerung ohne Schutzzäune oder Drahtmanschetten für die jungen Bäume nicht mehr zuließen. Das Idealbild des Hegers erfüllte derjenige, der »seinem« Wild mit Heu, Rüben und Kraftfutter den Tisch reich deckte. Dem Förster vom Silberwald fraßen an der Fütterung die Hirsche aus der Hand. Kaum jemand stellte das infrage, auch die traditionellen Naturschützer nicht, sie waren ja selbst oft Jäger. Den Frieden störte eine Fernsehsendung, ausgestrahlt Weihnachten 1971, Horst Sterns »Bemerkungen über den Rothirsch«. Der Frieden ist seither nicht wieder eingekehrt. Der Umgang mit dem Rotwild ist immer noch eine der brisantesten Fragen der Jagd-, Forst- und Naturschutzpolitik.

Ich war 17 Jahre alt, als ich Horst Sterns Sendung sah, und hatte, obwohl ich durch den damaligen politischen Protest an Schulen und Universitäten schon in andere Gefilde unterwegs war, mit dem Gedanken noch nicht ganz abgeschlossen, mein Leben ganz dem Wald, der Jagd und den Hirschen zu widmen und Forstwissenschaft zu studieren. Der Weihnachtsbaum duftete, mein Dackel lag vollgefressen neben mir auf dem Sofa, da riss mich die schnarrende Stimme Horst Sterns aus dem wohligen Dösen: »Ein Renditedenken, das selbst das Schicksal der Nation am Börsenzettel abliest, hat aus dem Wald eine baumartenarme, naturwidrige Holzfabrik gemacht. So pervertiert ist dieser Wald, dass der Rothirsch aus Mangel an natürlichem Nahrungsangebot einerseits und ungezügelter Vermehrung andererseits zum Waldzerstörer geworden ist. Ja, richtig, meine Damen und Herren: Es ist nicht dringlich zurzeit, den Hirsch zu schonen. Es ist dringlich zurzeit, ihn zu schießen. Der menschliche Wolf versagt. Er ernährt sich von Kalbfleisch und jagt den Hirsch als Knochenschmucklieferant für die Wand überm Sofa. Das Hirschgeweih als Aufhänger für Gamsbarthüte und schöne Erinnerungen.«

Das saß. Mein Dackel guckte verstört, und ich schrieb mich im Herbst an der Universität Freiburg nicht bei der ehrwürdigen forstwissenschaftlichen Fakultät, sondern für Geschichte, Literaturwissenschaft und Soziologie ein. Den Jagdschein machte ich erst viel später. Bis heute hat sich am Frontverlauf im Rotwildstreit nicht viel verändert. Zwar haben sich die Förster längst von Monokultur und Kahlschlag verabschiedet und versuchen, wo es geht, einen artenreichen, vielstufigen Mischwald aufzubauen, der mit den Wirkungen des Klimawandels fertigwerden kann. Bei diesem Waldumbau gehören Hirsche und Rehe zu den größten Störfaktoren. Die Jäger haben begonnen, sich von ihrer Trophäenfixierung zu lösen. Jedenfalls behaupten sie das. Aber die meisten wehren sich immer noch zäh gegen Abschussquoten, die den Rotwildbestand wirklich senkten. Schnell ist das Wort von der »Ausrottung« parat. In Gutachten des Bundesamtes für Naturschutz und des Deutschen Forstwirtschaftsrats ist immer noch von flächendeckend überhöhten Wildbeständen die Rede – und das nach vier Jahrzehnten, in denen effektivere Jagdmethoden eingeführt und die Wildfütterung stark eingeschränkt oder verboten wurden. Auch wenn »vor Ort«, wie es immer heißt, zwischen Jägern und Förstern in den Hegegemeinschaften, denen die Bewirtschaftung des Rotwildes anvertraut ist, oft – doch keineswegs immer – eine vertrauensvolle und pragmatische Zusammenarbeit möglich ist, so wird dieser Konflikt doch sofort bösartig, polemisch und ideologisch, wenn er vor der breiteren Öffentlichkeit ausgetragen wird. Im Rothirsch steckt eine Menge politisch-zeitgeschichtlicher Zündstoff. Man muss, um das zu erfassen, von Rominten erzählen und von Walter Frevert und dem katastrophalen Sündenfall der deutschen Jagd im Zweiten Weltkrieg, als aus Hirschkult Verbrechen wurde.

Die Wörter »Rominten« oder »Rominter Heide« las ich zum ersten Mal als Kind im Wartezimmer des Zahnarztes, der als Jagdpächter in meinem Heimatdorf mein Vorgänger war. Es lagen dort die alten Ausgaben von »Wild und Hund« aus. Ich versank in diesen Heften, anderen Wartenden ließ ich gern den Vortritt, bis sich am

Abend dann doch der Bohrer in meine kariösen Zähne fraß. Bis dahin aber war ich im Traumland unterwegs, irgendwo im fernen Ostpreußen, das »zurzeit«, wie wir in der Schule lernten, unter sowjetischer und polnischer Verwaltung stand. Pensionierte Oberförster schrieben sich in »Wild und Hund« ihr Heimweh von der Seele. Etwas muss ich davon abbekommen haben, obwohl niemand aus meiner Familie von weiter als dreißig Kilometer östlich des Rheins stammt. Die Rominter Heide war ein Hofjagdrevier Kaiser Wilhelms II. Nach ihm ging dort der preußische Ministerpräsident Otto Braun auf die Pirsch. Danach riss Hermann Göring sie an sich. Jägerischer Herr im Rominter Jagdreich war Oberforstmeister Walter Frevert. Er sollte Rominten zu einem Musterrevier deutschen Weidwerks und insbesondere der Hirschhege machen. Die Geweihe von Rominter Hirschen werden von manchen noch heute verehrt wie Reliquien.

Frevert folgte damals durchaus modernen Prinzipien der Jagdwissenschaft, aus der später die Wildbiologie hervorging. Er setzte nicht auf Quantität, sondern auf Qualität, reduzierte den Rotwildbestand zunächst drastisch und versuchte dann, ziemlich erfolgreich, durch »Hege mit der Büchse« starke Hirsche heranzuziehen. Maß aller Dinge war das Geweih, woran sich damals niemand störte, auch die zahlreichen ausländischen Diplomaten nicht, die Görings Gäste im Rominter »Jägerhof« waren. Frevert hat sein Verhältnis zu Göring später als einen Pakt mit dem Teufel beschrieben, den er im Interesse der Jagd und des Wildes eingegangen sei. Nur hat er selbst auch, aus rein jagdlichen Motiven versteht sich, das Geschäft des Teufels betrieben und darüber später geschwiegen. Der Schweizer Forstwissenschaftler Andreas Gautschi, ein Hirsch-Besessener, der als Jäger und Schriftsteller im polnischen Teil der Rominter Heide lebt, hat die Verstrickung der deutschen Jagdelite in schwere Kriegsverbrechen in seinen beiden Büchern über Frevert und Göring, die über weite Strecken leider von einem schwer erträglichen Jäger-Tunnelblick geprägt sind, quellennah und detailgenau dargelegt. Nach dem Beginn des Russlandfeldzuges erhielten Ulrich Scherping, der Leiter des Reichsjagdamtes, und Frevert von Göring den Auftrag, das im Urwald von Bialowies gelegene alte Hofjagdrevier des Zaren um 100 000 Hektar zu erweitern und zu einem Staatsjagdrevier auszubauen. Frevert, der diesen Auftrag sozusagen an der Front zu erfüllen hatte, erhielt alle erdenklichen Vollmachten und den Oberbefehl über die in Bialowies stationierten Polizeieinheiten. Das Wild sollte Ruhe haben. Deshalb waren alle Dörfer zu zerstören und ihre Bewohner zu vertreiben. Bis zum Sommer 1942 hatte Frevert mit seinen Polizeitruppen 116 Dörfer dem Erdboden gleichgemacht und mehr als 6 000 Menschen vertrieben. Das ihm unterstellte Polizeibataillon 322 erschoss alle im Gebiet lebenden männlichen Juden. Scherping war über das brutale Vorgehen zwar betrübt, unternahm aber nichts dagegen. Immerhin protestierte der militärische Oberbefehlshaber des Gebiets, wenn auch nicht aus humanitären, sondern aus militärischen Erwägungen. Frevert züchte Partisanen, argumentierte er – womit dieser Generalleutnant Nolte sicher recht hatte. Die Grenze zwischen Jagd und Menschenjagd verschwamm. In einem Brief an einen Forstkollegen schrieb Frevert, die »Strecke« an »Banditen und Partisanen« sei weitaus größer als die an Wild. Göring stellte sich hinter Frevert. Nolte wurde versetzt.

Nach dem Krieg kam Frevert in den baden-württembergischen Forstdienst. Er erhielt das Forstamt Kaltenbronn im nördlichen Schwarzwald, wieder ein Hirschrevier. Er entfaltete eine rege jagdpublizistische Tätigkeit und wurde der Brauchtums-Papst der deutschen Jägerei. 1962 kam er bei einem Jagdunfall ums Leben. Das Gerücht, er habe Selbstmord begangen, weil er ein Verfahren wegen seiner Beteiligung an den Verbrechen in Bialowies erwartet habe, verstummte nie. Unter deutschen Jägern hält sich trotz allem unerschütterliche Verehrung für Frevert, obwohl er doch für Hirsche über Leichen gegangen war. Für ein menschenleeres Hirschparadies beging er schwere Verbrechen. Eine schlimmere Perversion der Hege ist nicht denkbar.

Müssen die Fronten im Streit um den König der Wälder unverrückbar bleiben? Kann die Holzwirtschaft im Rothirsch nur einen Schädling sehen, der durch intensive Jagd möglichst kurzgehalten und in den Gebieten eingesperrt bleiben muss, die als Rotwildgebiete ausgewiesen sind? Werden die Jäger auf hohe Wildbestände beharren, weil ihre Trophäenträume dann wachsen können? Und was ist mit den Tourismusmanagern, die das Rotwild als Kulturgut verkaufen wollen, wozu es für Touristen erlebbar sein muss, also nicht allzu selten und nicht allzu scheu sein darf? Jeder dieser Interessenstandpunkte ist aus sich heraus legitim. Warum soll ein Waldbauer in einer Fichtenplantage Zerstörungen durch Rinde schälende Hirsche hinnehmen? Er ist ja in einer noch viel schlimmeren Lage als sein Kollege Maisbauer, dem Wildschweinfraß die Ernte vernichtet. Der kann nämlich im nächsten Jahr schon wieder säen und ernten. Die Jäger wiederum zahlen hohe Pachten nicht dafür, nur ihre Büchse im Wald spazieren zu tragen. Und der nicht jagende Naturfreund möchte auch etwas vom Hirsch haben, wenigstens anblicksweise. Wo also wäre eine Kompromisslinie zu finden?

Man muss sich wohl davon verabschieden, alles, was unsere frei lebenden Schalenwildarten wie Reh, Wildschwein oder Gämse in der Landschaft tun und bewirken, nur als »Schaden« zu betrachten. Dass Hirsche Bäume schälen, ist zunächst einmal ein ganz selbstverständlicher Teil des Naturgeschehens. Von Pilzen befallene, absterbende Bäume befördern die Artenvielfalt bei Mikroorganismen oder Insekten. Zu Bonsai-Büschen verbissene Tannen und Fichten bieten vielen Vogelarten weitaus bessere Nistmöglichkeiten als die geraden, gesunden Bäume, die die Holzindustrie so liebt. Ein ökonomischer Schaden kann also durchaus ein ökologischer Gewinn sein.

Man wird dem Rotwild nicht gerecht, wenn man es ausschließlich unter dem Paradigma des forstwirtschaftlichen Schadens betrachtet. Es ist notwendig, auch die ökologischen Wirkungen großer Pflanzenfresser in ihrem Lebensraum zu ergründen. Die systematische Forschung dazu hat erst begonnen. Große Pflanzenfresser reißen mit ihren Hufen und Klauen den Boden auf und geben so bestimmten Pflanzen überhaupt erst die Möglichkeit zum Keimen. Sie schaffen mit ihren Suhlen

Lebensräume für Insekten und Amphibien. Manche Käfer sind auf ihren Kot angewiesen. Im Fell transportieren sie Pflanzensamen und wirken so als Vektoren. Und schließlich schaffen sie durch Beweidung unter natürlichen Bedingungen Lichtinseln im Wald.

Diese Aufzählung bleibt anekdotisch, ohne jede Systematik und Gewichtung. Man kann nur ahnen, welch ein Beziehungsreichtum sich eröffnet, wenn man das Wild aus dem Wildschadens-Paradigma entlässt. In einer ersten Pilotstudie trug vor einigen Jahren der Kieler Landschaftsökologe Heinrich Reck mit einer Arbeitsgruppe zusammen, was in der Literatur zum Thema Wild und biologische Vielfalt schon bekannt ist – erstaunlich viel, wie man sagen muss, doch ohne dass dieser Umstand je zu einer systematischen Forschung geführt hätte.

Gleichwohl: Wir können den Wald nicht einfach den Hirschen überlassen. Dazu sind seine Funktionen als Rohstofflieferant, CO_2-Speicher, Luftfilter und vieles mehr zu vielfältig und für den Menschen zu existenziell. Zu viele Hirsche sind in jedem Fall von Übel. Mit welcher Höhe ein Rotwildbestand den »landeskulturellen Verhältnissen« angepasst ist, wie es das Jagdgesetz verlangt, hängt natürlich sehr von jenen landeskulturellen Verhältnissen ab. Ein hochalpiner Schutzwald verträgt sicherlich weniger Hirsche als ein Auwald in den Flussniederungen. Nur um eine Vorstellung von der Größenordnung zu geben: In vielen Forstämtern wird eine Wilddichte von zwei Stück Rotwild pro 100 Hektar, also einem Quadratkilometer, für tolerabel gehalten, wenn der Wald sich auf natürlichem Wege, ohne künstliche

Schutzmaßnahmen verjüngen soll. In manchen teuer verpachteten Jagdrevieren beträgt der Bestand aber das Zehn- bis Zwanzigfache.

Rotwild lebt auf einem Viertel der Fläche Deutschlands, überwiegend in den großen Staats- und Privatforsten. In neun Bundesländern ist es in amtlich festgelegte Rotwildbezirke »eingesperrt«. Außerhalb dieser Bezirke sollen die Wälder rotwildfrei gehalten werden. Nur in Brandenburg, Niedersachsen, Mecklenburg-Vorpommern und im Saarland kann sich das Rotwild seinen Lebensraum selbst suchen, sofern es daran nicht durch Eisenbahntrassen oder Autobahnen gehindert wird. Die Hirsche haben es nicht leicht in unserer Kulturlandschaft. Aber das wäre doch vielleicht eine Vision: Rotwild, das sich frei bewegen kann und dem der Wechsel über Autobahnen und Bahntrassen durch Grünbrücken ermöglicht wird. Scharf bejagen müsste man es weiterhin, und das stärker noch als heute in großräumigen Zusammenhängen ohne Reviereegoismus. Wenn man bedenkt, dass heute in der Bundesrepublik die Jahresstrecke mit fast 80000 Stück Rotwild deutlich höher ist als die im wesentlich größeren Deutschen Reich vor dem Zweiten Weltkrieg, dann kann man nicht von einer drohenden Ausrottung sprechen. Weniger Rotwild wäre wahrscheinlich mehr, und es wäre besser für das Wild, die Landeskultur und die Menschen, jagende und nicht jagende, die sich vom Hirsch immer wieder neu faszinieren lassen.

SECHSTES KAPITEL

Das Reh

In einem historischen Bildband über mein Heimatdorf Groß-Rohrheim im hessischen Ried gibt es ein Foto, das eine Jagdgesellschaft mit ihrer Beute zeigt. Es ist um 1910 aufgenommen worden. Im Vordergrund liegen die geschossenen Tiere – Hasen und Rehe, so dicht zusammengeschoben, dass sie fast einen Haufen bilden. Es sind ebenso viele Rehe wie Hasen. Genau kann man sie nicht zählen. Zwölf von jeder Sorte werden es sein. Rechts und links der Strecke lagern und sitzen die Treiber, junge Burschen aus dem Dorf mit kräftigen Stecken. Hinter den Hasen und Rehen haben sich die Jäger postiert. Alle tragen Doppelflinten, keiner hat eine Büchse. Die Kulisse für das alles bildet der Waldrand. Die Gemeinde Groß-Rohrheim besitzt etwas mehr als 200 Hektar Wald. Diesen Wald, der damals wohl an einen Jagdpächter verpachtet war – der in der Mitte thronende Jagdherr jedenfalls ist von eher städtischem Habitus –, hat man wahrscheinlich an einem Sonntag nach dem Gottesdienst durchgetrieben. Bevor das Vaterunser-Läuten verklungen war, wurde nicht geschossen. Es war kein Kesseltreiben wie im offenen Feld. Bei einer solchen Jagd hätte man mehr Hasen und weniger Rehe geschossen. Es war ein Waldtreiben, das dem Hasen und dem Reh gleichermaßen galt, eine kleine Jagd, doch ziemlich effektiv. Man hatte eine Menge begehrtes Wildbret erbeutet und dem Wald Gutes getan, denn Hase und Reh lieben die frischen Triebe junger Bäume über alles, der Hase überdies auch noch deren Rinde.

Die Rehe wurden wie die Hasen mit der Flinte, also mit Schrot geschossen. Keines hat als »letzten Bissen« einen Zweig im Maul. »Verblasen« wurde die Strecke wohl auch nicht. Jedenfalls ist auf dem Foto kein Jagdhorn zu sehen. Für die damaligen Verhältnisse schauen Jäger und Treiber ziemlich locker und entspannt in die Kamera, einige lächeln sogar, was auf Gruppenfotos aus dem Jahr 1910 nicht oft zu sehen ist. Man hatte sein gemeinsames Jagdvergnügen gehabt, jetzt wartete das Schüsseltreiben in einem der vielen Gasthäuser, die es im Dorf damals noch gab.

Das Bild ist mehr als hundert Jahre alt. Es könnte aber auch ein Zukunftsbild sein, ein Wunschbild, vor allem, was die Jagd auf Rehe angeht. Denn zwischen der Groß-Rohrheimer Treibjagd und heute liegen eine kulturgeschichtliche und eine jagdrechtliche Zäsur, die immer noch nachwirken und deren Folgen für die Jagd nicht ersprießlich waren. Als ein »nettes kleines Tier«, das »angenehm zu jagen« sei, »wenn man sich darauf versteht«, beschrieb im 14. Jahrhundert Gaston Phoebus, der Graf von Foix, das Reh in seinem berühmten *Buch der Jagd*, das neben dem Vogelbuch Friedrichs II. zu den bedeutendsten mittelalterlichen Werken der Naturbeobachtung gehört. Phoebus' Ton ist ein wenig herablassend. In der Hohen Jagd spielte das Reh nur eine Nebenrolle. Es eignete sich nicht für die Hetzjagd mit Hundemeute und Pferd, weil es nie über weite Strecken flüchtet wie der Rothirsch. Wehrhaft ist es schon gar nicht. Und selten war es damals wohl auch. Wo das Rotwild die Wildbahn beherrscht, und das war in den herrschaftlichen Revieren immer der Fall, bleiben dem Reh nur Nischen. Erst im 19. Jahrhundert rückte es in den Fokus der bürgerlichen und bäuerlichen Jagd. Über Jahrzehnte wurde ihm so fröhlich nachgestellt, wie das meine dörflichen Vorfahren taten.

Doch die unbeschwerte, gesellige Jagd auf die kleinste und am meisten verbreitete Hirschart Europas, auf jenes wohlschmeckende Allerweltstier, dem die vom Menschen gestaltete Kulturlandschaft zum Schlaraffenland geworden ist, geriet im Laufe des 20. Jahrhunderts in schwere moralische und jagdideologische Unwetter. Felix Salten und Walt Disney setzten den massenkulturellen Mythos »Bambi« in die Welt. Und Ulrich Scherping und Hermann Göring das Reichsjagdgesetz von 1934/35. Damit wurde der Rehjäger einerseits zum »Bambimörder« und andererseits zum allmächtigen und gottgütigen »Heger«, der sich anmaßte, das evolutionsgeschichtliche Erfolgsmodell Reh, den Anpassungskünstler und Zivilisationsgewinnler Capreolus capreolus, als »Hirsch des kleinen Mannes« durch selektive Jagd und Futtergaben verbessern zu können. »Gemordet« werden darf Bambi in ganz Deutschland seit 1935 nur noch mit der Kugel wie sein großer Vetter, der Hirsch. Wer es nach alter Väter Sitte mit Schrot schießt wie den Hasen, den Fuchs oder den Dachs, verstößt nicht nur gegen ungeschriebene Regeln der »Weidgerechtigkeit«, sondern begeht eine Straftat, obwohl, anders als Hirsch oder Wildschwein, das kleine Reh auf kurze Entfernung durch eine Schrotgarbe schnell und sicher getötet werden kann. Ins Zentrum der Rehjagd rückte der Bock, dessen möglichst kapitales Geweih als Lohn aller hegerischen Mühen gilt, weshalb er in manchen Bundesländern bis heute im Winter, wenn er kahlköpfig ist, nicht geschossen werden darf.

Der Bambi-Mythos, die vom blutrünstigen Jäger verfolgte, großäugige Unschuld und Natürlichkeit, hat sich fest in das gesellschaftliche Bewusstsein eingeschrieben. Ohne das beabsichtigt zu haben – der Autor war selbst Jäger –, schrieb Salten mit *Bambi. Eine Lebensgeschichte aus dem Walde* 1923 das wohl wirkungsvollste Stück Anti-Jagd-Propaganda der Literaturgeschichte. Die Hegeideologie des Reichsjagdgesetzes, die dem ebenso anständigen wie blutigen Jagdhandwerk eine Aura des Edelmenschentums verschaffen sollte und weit über Deutschland hinausstrahlte, erwies sich in all den Jahrzehnten seither als denkbar ungeeignet, die Jäger gegen die Tsunamis jagdfeindlicher Stimmungen zu schützen.

Felix Salten hatte, als er *Bambi* schrieb, schon eine bemerkenswerte journalistische und schriftstellerische Karriere hinter sich. Der 1869 in Budapest geborene Sohn einer Rabbiner-Familie hieß eigentlich Siegmund Salzmann. Bald nach seiner Geburt zog die Familie nach Wien. Dort gelang es dem von brennendem literarischen Ehrgeiz getriebenen jungen Mann, der sich den Autorennamen Felix Salten zulegte, Zugang zu dem im Café Griensteidl verkehrenden Literatenzirkel um Arthur Schnitzler und Hugo von Hofmannsthal zu finden. Mit beiden war er lebenslang befreundet. Salten schrieb Gedichte, Essays, Kritiken, Novellen und wurde als Gesellschaftsreporter eine geachtete und gefürchtete Größe in den tonangebenden Kreisen Wiens. Sein Ruf war so gewaltig, dass Leopold Ullstein ihn nach Berlin rief, um die Chefredaktion der *B.Z.* und der *Berliner Morgenpost* zu übernehmen. Die gesellschaftliche Atmosphäre in der Reichshauptstadt behagte Salten allerdings nicht. Berlin blieb eine Episode. Umso tiefer wagte er sich in den lüsternen Untergrund der Wiener Gesellschaft. *Josefine Mutzenbacher oder Die Geschichte einer Wienerischen Dirne*, ein Glanzstück sozialrealistischer Pornografie, veröffentlichte er 1906 anonym.

Gern ging Salten mit Angehörigen des Kaiserhauses auf die Jagd und pachtete in der Nähe von Wien selbst ein Revier. Die Waldwelt seiner Bambi-Geschichte sog sich der Großstadtliterat also nicht aus den Fingern. Sie ist allerdings nicht nur durch Jagderfahrung, sondern in einem weiteren Sinne durch Geschichtserfahrung geprägt. Die Hauptstadt der k.u.k. Monarchie bot nach dem Ersten Weltkrieg die brodelnde Szenerie politischer und ideologischer Extreme, in denen die Massenschlächtereien des modernen Krieges nachhallten. Der Wald, in den der Rehbock Bambi geboren wird, ist keine Idylle, sondern eine Welt des Sterbens und Leidens, nicht nur weil »ER«, der menschliche Jäger, dort grausam wütet, sondern auch weil die Tiere sich untereinander jede nur denkbare Qual zufügen. Krähen hacken einen jungen Hasen zu Tode, ein Marder massakriert ein Eichhörnchen, ein Iltis eine Maus, überall Blut, Schmerz und namenloses Grauen.

Wenn man als Jäger verstehen will, warum viele Menschen einen nicht für so lauter und harmlos halten wie man sich selbst, sollte man nachlesen, wie Bambi zum ersten Mal dem Jäger begegnet. Es ist albern, einzuwenden, dass diese Vermenschlichung des Tieres nichts mit der realen Natur zu tun habe. Salten hat kein zoologisches Werk über das Rehwild geschrieben, sondern ein kulturelles Muster geprägt, das der Jäger nicht einfach für ungültig erklären kann. Der amerikanische Anthropologe Matt Cartmill schreibt in seinem Buch *Tod im Morgengrauen. Das Verhältnis des Menschen zu Natur und Jagd* über die Folgen von *Bambi*: »Das Übergewicht von Tierfabeln, -lebensgeschichten und -satiren in den Unterhaltungs- und Erziehungsmedien, die wir für Kinder herstellen, ist ein reales Phänomen. Es verkörpert die unausgesprochene Anschauung – und Botschaft an Kinder –, dass Tiere gut und unschuldig sind, Menschen dagegen eher finstere und fragwürdige Gestalten« – wobei man im Blick auf Saltens Original einschränken muss, dass die Unschuld hier nicht bei den Tieren im Allgemeinen, sondern bei den Rehen im Besonderen verortet ist.

So also sieht Bambi, der unschuldige junge Rehbock, den Jäger: »Dort, am Rande der Blöße, in einem hohen Haselbusch, steht eine Gestalt. Bambi hat noch niemals eine solche Gestalt gesehen. Gleichzeitig trägt ihm die Luft eine Witterung zu, die er noch nie zuvor gespürt hat. Es ist ein fremder Geruch, schwer und scharf, zum Tollwerden. Bambi starrt die Gestalt an. Sie ist merkwürdig aufrecht, seltsam schmal, und sie hat ein blasses Gesicht, das an der Nase und um die Augen herum ganz nackt ist. Entsetzlich nackt. Furchtbares Grauen geht von diesem Gesicht aus. Kalter Schrecken. Dieses Gesicht hat eine ungeheure Gewalt, von der man gelähmt wird. Es ist bis zur Unerträglichkeit peinigend, dieses Gesicht anzusehen, trotzdem steht Bambi da und starrt unverwandt darauf hin. Die Gestalt bleibt lange ohne Regung. Dann streckt sie ein Bein aus, eines, das ganz oben sitzt, nahe am Gesicht. Bambi hat gar nicht bemerkt, dass es überhaupt vorhanden ist. Aber als sich dieses fürchterliche Bein geradeaus in die Luft streckt, wird Bambi von der bloßen Gebärde weggefegt, wie eine Flaumfeder vom Winde. Im Nu ist er wieder im Dickicht, dort, wo er herkam. Und rennt.« Genau beobachtet, wie ein Reh sich verhält, wenn ein unbekanntes Objekt seine Aufmerksamkeit erregt, das hat Salten wohl. Bambi überlebt alle Jagden. Und als sein greiser Vater ihn zur Leiche eines Jägers führt, da wird ihm klar, dass auch »ER« nicht allmächtig ist, »ein anderer ist über uns allen, über uns und über Ihm«.

Bambi wäre nichts weiter als ein erfolgreiches Kinderbuch geblieben, wenn im Jahre 1928 nicht die englische Übersetzung erschienen und es einem amerikanischen Trickfilmzeichner nicht gelungen wäre, eine gezeichnete Maus nach einer Melodie tanzen zu lassen. In Walt Disneys grandioser trickfilmischer Umsetzung, die 1942 in die Kinos kam, ist das Reh Bambi zu einem amerikanischen Weißwedelhirsch mutiert, der anmutig mit großen Wimpernaugen einem ihm um den Schwanz gaukelnden Schmetterling zuschaut. Rehe haben keine sichtbaren Schwänze. Und Saltens Bambi ist bei Weitem nicht so süß und putzig wie Disneys Zeichentrickfigur. Aber erst durch den Übertritt in das neue visuelle Massenmedium wurde aus dem Reh der Mythos Bambi, der vielen Menschen den Zugang zu den wirklichen

Rehen versperrt, mit denen sie in nächster Nachbarschaft leben.

Wenn ich bei einem Reviergang, mit Hund und Gewehr als Jäger klar erkennbar, Spaziergängern begegne, fragen die mich manchmal, ob ich denn alle Rehe totgeschossen habe, man sehe gar keine mehr. Im Sommer, wenn sich die Rehe in der dichten und hohen Vegetation verstecken, kann ich diese Frage verstehen. Es gelingt mir aber fast immer, den Spaziergängern drei, vier oder fünf Ohrenpaare zu zeigen, die aus den umliegenden Getreidefeldern oder hohen Wiesen herausragen. Da sind sie, die Rehe, sage ich dann. Ich könnte sie gar nicht ausrotten, selbst wenn ich das wollte. Im Winter allerdings, wenn die Feldflur kahl oder von Wintersaat gerade eben begrünt ist, finde ich es schon ärgerlich, wie blind viele Menschen durch die Gegend laufen. Wie kann man all die Rehe übersehen, die regungslos auf den Äckern liegen? Sie springen nicht herum wie Bambi auf der Filmleinwand, sie tollen und rennen nicht, sie haben ihren Energiehaushalt auf Sparflamme gesetzt. So kommen sie gut über den Winter, zumal auf den abgeernteten Feldern immer noch genug Ernteabfälle wie Maiskörner und Rübenstücke herumliegen. Frisches Grün liefert das Wintergetreide.

»Den Rehen ging's noch nie so gut«, überschreibt der Zoologe Josef H. Reichholf einen Aufsatz über Capreolus capreolus. Er nimmt das zunächst merkwürdig erscheinende Phänomen in den Blick, dass das Reh in seinem riesigen Verbreitungsgebiet zwischen Ostasien und der europäischen Atlantikküste dort am häufigsten vorkommt, wo sein Lebensraum am stärksten durch

Landwirtschaft und Industrie überformt ist. In Deutschland ist es so häufig wie nirgendwo sonst. Die sibirischen Rehe sind zwar deutlich größer als die mitteleuropäischen, aber sie kommen viel seltener vor. Von Jägern, die nach Sibirien zur Rehbockjagd fuhren, weiß ich, wie ungewöhnlich und frustrierend sie es fanden, tagelang durch die Taiga zu ziehen, ohne ein einziges Stück Rehwild oder Wild überhaupt zu Gesicht zu bekommen. Wer als Jäger in mitteleuropäischen Revieren geprägt worden ist, der muss von der Wildnis, der nördlichen Wildnis jedenfalls, zunächst einmal enttäuscht sein, weil er zum ersten Mal die fundamentale Erfahrung macht, dass Beutetiere in den riesigen Weiten selten sind.

Auch das Reh war in unseren Breiten einmal selten. Noch im 19. Jahrhundert beschwören Jagdschriftsteller seine drohende Ausrottung durch bürgerliche Sonntagsjäger und bäuerliche Aasjäger herauf. Auch wenn man die darin steckende Propaganda gegen die neuen Jagdverhältnisse nach der Revolution von 1848 abzieht, darf man die »Sorge« um das Rehwild nicht einfach für gegenstandslos halten. Die Jagdstrecken waren bescheiden. Nach allem, was man weiß, gab es damals tatsächlich deutlich weniger Rehe als heute. Die Landwirtschaft produzierte noch nicht jenen Überschuss an Nährstoffen, der die heutige Agrarlandschaft zum Maststall für das Rehwild macht. Seit zwanzig Jahren werden in Deutschland in jedem Jahr mehr als eine Million Rehe erlegt. Dieser gewaltige Aderlass kann dem Bestand nichts anhaben. Er schöpft wahrscheinlich noch nicht einmal den jährlichen Zuwachs ab.

Was macht dieses Tier so unverwüstlich? Eigentlich

stellt es ja ziemlich hohe Anforderungen an seinen Lebensraum. Aufgrund seines Verdauungssystems – ich hatte das im Kapitel über den Hirsch schon erwähnt – ist es auf eiweißreiche Nahrung angewiesen. Es hat einen vergleichsweise kleinen Pansen, der Nahrung mit hohem Zelluloseanteil nicht aufschließen kann. Der hohe Stickstoffeintrag durch die intensive Landwirtschaft begünstigt nun gerade jene Pflanzen, die das Reh mag. Er macht sich nicht nur in der Feldflur bemerkbar, sondern auch im Wald, der an sich gar nicht der ideale Lebensraum für Rehe ist. Doch überall dort, wo Stürme Lücken in die Monokulturen gerissen haben oder das immer dichtere Netz von Wirtschafts- und Wanderwegen Licht in den dunklen Forst lässt, sprießt es üppiger als je zuvor. Und kein Bauer geht mehr in den Wald, um diese nahrhafte Biomasse für seine Rinder oder Ziegen zu holen. Den Menschen mit seinen Nutztieren gibt es für das Reh als Nahrungskonkurrenten im Wald praktisch nicht mehr. Und auf den Turbo-Feldern draußen fällt der Fraß der Rehe nicht ins Gewicht.

Im Wald allerdings schon. Denn das Reh, das von manchen Förstern die »kleine braune Waldschere« genannt wird, hält sich nicht nur an Gräser und Kräuter, sondern, wie oben erwähnt, auch an die Triebe junger Bäume, vorzugsweise solcher Bäume, an denen des Försters Herz besonders hängt. Unter tausend Fichten hat das Weißtännchen keine Überlebenschance. Das Reh beißt ihm so lange die Spitze ab, bis es aussieht wie ein kugeliger Bonsai-Weihnachtsbaum. Rehe können alle Bemühungen zunichtemachen, Nadelholzmonokulturen in vielstufige, artenreiche Mischwälder umzubauen, weil alles, was in gelichteten Beständen eigentlich von selbst wächst – Eschen, Ahorn, Buchen, Vogelbeere, Eiche und was alles sich zu einer Mischwaldgesellschaft zusammenfindet – dem Maul des Rehs zum Opfer fällt. Schutzzäune sind wirtschaftlich nicht tragbar und forstpolitisch nicht gewollt. In den meisten deutschen Forstverwaltungen gilt der Grundsatz, dass die natürliche Verjüngung des Waldes ohne künstliche Schutzvorkehrungen möglich sein muss. Die Konsequenz heißt: noch mehr Rehe schießen, jedenfalls an den Stellen, an denen der Verbissdruck den Waldbau zur vergeblichen Mühe macht.

In der »Waldstrategie 2020« der Bundesregierung wird gefordert, dass die Jagd sich den forstlichen Zielen unterzuordnen und für eine Reduktion der Wildbestände zu sorgen habe – was umgekehrt auch bedeutet, dass die Jagd, ohne die diese Ziele nicht zu erreichen sind, von erheblicher Bedeutung für das Gemeinwohl ist. Der Deutsche Jagdverband hat gegen diese forstliche Indienstnahme der Jagd sofort protestiert. Ich halte das politisch für ziemlich kurzsichtig. Nur als Teil der Land- und Forstwirtschaft wird die Jagd Bestand haben und in Zukunft sogar an Legitimität gewinnen, denn das Ziel der ökologischen Ausrichtung unserer Landnutzung erfährt einen wachsenden gesellschaftlichen Rückhalt.

Die Rehjagd ist mir die liebste Jagd. Sie schöpft aus dem Vollen und gilt einem anmutigen, wohlschmeckenden Tier, dessen Anpassungsfähigkeit an die unterschiedlichsten Lebensräume nur zu bewundern ist. Ich möchte mir die Lust an der Rehjagd nicht durch den ewigen, giftigen Streit zwischen Förstern und Jägern um angemessene Abschussquoten nehmen lassen. Über die Prioritäten – Wald oder Wild – kann doch nicht ernsthaft gestritten werden. Niemand will einen Wald ohne Wild. Zumindest beim Rehwild wäre das auch gar nicht zu erreichen. Wenn jedoch ein leicht bejagbarer, weil hoher Rehwildbestand mit viel Trophäenpotenzial gegen einen gesunden Mischwald abzuwägen ist, der gegen Sturm- und Insektenschäden resistent ist und von vielen Generationen als Rohstofflieferant, Wasserspeicher, Luftfilter und Erholungsraum genutzt werden kann, liegt doch auf der Hand, welches das höhere Gut ist. Die Jagdverbände sollten an dieser Stelle aufhören, sich zu empören, und akzeptieren, dass die Jagd dem Wald und nicht der Wald der Jagd zu dienen hat.

Wenn der naturnahe Waldbau erfolgreich ist, ändern sich auch die Bedingungen der Rehjagd im Wald. Die Kraut- und Strauchschicht vitaler Mischwälder ist dicht und üppig. Viele Rehe können hier leben, aber man bekommt sie schwer zu Gesicht. Die Zeiten, in denen Bock, Geiß und Kitz am Abend und am frühen Morgen gierig aus dunklen Fichtendickungen zum Fressen auf Waldwiesen oder Wildäcker ziehen, wo auf der bequemen Kanzel der Jäger mit der Büchse sitzt und »sein Wild« begutachtet wie der Bauer sein Vieh, sind dann vorbei. Man muss das Wild in Bewegung bringen mit Treibern und besser noch mit Hunden. Was spräche dagegen, bei einer solchen Jagd das Reh mit der Schrotflinte zu schießen? Und warum sollte dann der geweihlose Bock im Winter geschont werden? Heute steht das Reh neun Monate lang, von Mai bis Januar, unter dem Druck der Ansitzjagd, deren Effizienz in dem Maße ab-, wie ihre

Intensität zunimmt. Dumm sind die Rehe ja nicht und merken schnell, von wo ihnen Gefahr droht. Kurze, intensiv genutzte Jagdzeiten verringern den Jagddruck und lassen die Rehe wieder vertrauter und damit auch für Nichtjäger sichtbar werden. Vier Wochen im Mai genügen, um Böcke und Schmalrehe zu schießen, also die einjährigen weiblichen Tiere, die noch nicht tragend sind oder Kitze haben. Von September bis Dezember könnte alles Rehwild bejagt werden. Es fiele dann die sogenannte Blattjagd weg, die Lockjagd auf den brunftigen Bock im Hochsommer. Mit einem Buchenblatt oder einem künstlichen Locker ahmt der Jäger dabei das Fiepen der Ricke oder des Kitzes nach, um den Bock zum »Zustehen« zu bringen. Ich gebe zu, das kann eine sehr spannende Jagdart sein. Andererseits hat sich mir nie erschlossen, worin der besondere Reiz liegen soll, einen tierischen Geschlechtsgenossen just dann totzuschießen, wenn er sich dem Geschäft der Fortpflanzung widmet, möglichst noch in dem Moment, in dem er kurz vor dem Ziel seiner Wünsche ist.

Konservative Jäger werden mir jetzt vorwerfen, ich betreibe mit solchen Ideen das Geschäft des Ökologischen Jagdverbands, der den Schrotschuss auf Rehwild oder die Aufhebung der winterlichen Schonzeit für Böcke seit seiner Gründung 1989 fordert – zu seinen Gründern zählte übrigens auch Horst Stern – und grundsätzlich die Jagd unter die Maxime »Wald vor Wild« stellen will. Dem Verband gehören viele Förster an. Gegenüber den 290 000 in den Landesjagdverbänden organisierten Jägern bilden die Öko-Jäger eine kleine Minderheit. Sie finden in den Medien allerdings eine ungemein große Resonanz. Die gegenwärtige Bundesvorsitzende Elisabeth Emmert versteht es besser als die meisten Funktionäre der traditionellen Jagdverbände, den Anschluss an den Zeitgeist zu finden. Doch auch in der Sache ist nicht bestreitbar, dass der Öko-Jagdverband früh erkannt hat, wo die Jagd reformbedürftig ist. Wo er recht hat, da hat er nun einmal recht und findet daher immer wieder Gehör beim Gesetzgeber, zumal die Fachverwaltungen, in denen Gesetze und Verordnungen entstehen, eine hohe Dichte an Öko-Jägern aufweisen. Wenn sich in den vergangenen Jahren die gesetzlichen Bedingungen für die Jagd verändert haben, dann immer in der vom Öko-Verband vorgegebenen Richtung, auf die die traditionellen Jagdverbände nach und nach eingeschwenkt sind. Das grundsätzliche Verbot, Schalenwild zu füttern, das in vielen Bundesländern gilt, ist ein Beispiel dafür, die Ausrichtung von Abschussquoten an forstlichen Vegetationsgutachten ein anderes.

Das Verbot des Schrotschusses auf Rehe und die winterliche Schonzeit für Böcke, zwei wesentliche Effizienzbremsen der Rehjagd, werden von den traditionellen Jägern sprichwörtlich bis zum letzten Blutstropfen verteidigt. Man hat fast den Eindruck, es ginge bei diesen Fragen um Sein oder Nichtsein des deutschen Weidwerks. In gewisser Weise ist das ja auch so. Mit einer Hege, die sich vor allem dafür interessiert, was männliche Rehe zeitweise auf dem Kopf haben, wäre die winterliche Flintenjagd auf Rehe schwer zu vereinbaren. Eine tief verwurzelte Jagdmentalität sieht sich herausgefordert. Doch braucht man nicht weit in die Geschichte zurückzugehen oder über die deutschen

Grenzen hinauszublicken, um das als selbstverständlich zu finden, was heute undenkbar erscheint. So wie meine Groß- und Urgroßväter im Groß-Rohrheimer Wald jagen Schweizer oder Schweden heute noch – was das Rehwild in seinem Ausbreitungsdrang im Übrigen nicht weiter stört. Das Rehwild ist der schönste Anlass, bei der Jagd allen politisch-ideologischen Ballast abzuwerfen. Man sollte nicht zu viel darüber reden, man sollte es jagen. Es ist genug davon da.

SIEBTES KAPITEL

Die Sau

Der Keiler ist aus Pappe. In flottem Tempo quert er auf einer Schiene den Erdwall am Ende des Schießstandes. Wenn ich mit der Büchse mitfahre und mit dem Visier etwa am Hals bleibe, müsste die Kugel in der Zehn sitzen, im Leben, Volltreffer. Es knallt. Der Schuss sitzt auf der Hinterkeule. Ein alter Fehler, dem schwer beizukommen ist. Ich habe im Moment des Schießens mit dem Mitschwingen aufgehört und deshalb viel zu weit hinten getroffen. Man muss in der Bewegung schießen, wenn man laufende Keiler treffen will. Auf dem Schießstand kann man sich das nach und nach antrainieren. Man sollte das tun, wenn man überhaupt eine Chance haben will, bei Bewegungsjagden auf Wildschweine Beute zu machen. Heutzutage wird man bei solchen Jagden ohne einen Nachweis über Schießübungen auf den laufenden Keiler gar nicht mehr zugelassen.

Im Oktober geht es los mit diesen Jagden, bei denen das Wild von Treibern und/oder Hunden aus seinen Einständen gedrückt wird. Sie nehmen immer größere Dimensionen an. Oft sind mehr als hundert Jäger an ihnen beteiligt. Sie gelten heute als das effektivste Mittel, die Schalenwildbestände zu regulieren. Es wird bei solchen Jagden zwar auch Reh-, Rot- und Damwild geschossen, in den meisten Revieren stehen aber die Wildschweine ganz oben auf der Abschussliste, weswegen der Aufmarsch zur Jagd bisweilen einen martialischen Charakter annimmt. Hundeführer in orange-gelb-roten Kampfanzügen versuchen, ganze Meuten kleiner, scharfer Terrier zu bändigen, die den Schwarzkitteln in ihren Brombeerverhauen auf die Schwarte rücken sollen. Die eleganten Büchsen, die traditionsreichen Drillinge, die betagten Lodenmäntel älterer, beschaulicherer Jagdzeiten sind nahezu verschwunden. Auch die Gewehre präsentieren sich immer öfter schreiend bunt, kurz und handlich, und verfügen über eine erhebliche Feuergeschwindigkeit. Es soll »Strecke gemacht« werden. Es mag ja sein, dass für manchen der angereisten Jäger die Jagd immer noch zuerst ein geselliges Ereignis ist, dass ihn die Aussicht auf einen spannenden Tag in der freien Natur und vielleicht auf das eine oder andere dem Geschäft förderliche Gespräch aus dem Bett treibt. Doch wenn sich die Jäger dann im Morgennebel versammeln und die Anweisungen des Jagdleiters entgegennehmen, schauen sie so, als hätten sie einen ernsten Kampfauftrag zu erfüllen. Und so ganz falsch liegen sie damit nicht.

Meine Sorge gilt vor allem meinem Hund. Er ist noch jung. Es ist seine erste Drückjagd. Zur angegebenen Uhrzeit »schnalle« ich ihn. Das heißt, ich nehme ihm das Halsband ab und schicke ihn in den Wald. Er trägt eine gelbgrüne Weste mit Reflektoren. Das soll verhindern, dass er mit einem Wildschwein verwechselt wird. Außerdem hoffe ich, dass die Weste auch ein bisschen vor spitzen Schweinezähnen schützt. Mein Hund weiß zunächst nicht, was er tun soll. Er kann offenbar nicht glauben, dass er die Freiheit hat, sich ins Getümmel zu stürzen. Ich muss ihn regelrecht davonscheuchen. Endlich verschwindet er in einer Dickung. Sekunden später wird er laut, seine Stimme überschlägt sich, es rumpelt und knackt im Gehölz, aus dem bald ein laufendes Keilerchen bricht. Auf meinen Schuss hin überschlägt es sich und bleibt liegen. Das Üben hat offenbar genützt. Mein Hund hat Geschmack am Jagen gefunden. Erst gegen Ende der Jagd kommt er abgekämpft zu mir zurück, voller Kletten, doch zum Glück ohne größere Schramme. Ich schleppe das Schwein zum nächsten Forstweg. Bei solchen durchorganisierten Jagden braucht man das Wild nicht mehr im Wald auszunehmen. Das geschieht zentral am Streckenplatz, wo ein Tankwagen mit Wasser steht, damit alles seinen geordneten, hygienischen Gang geht.

Für den Einzelnen bestehen solche großen Jagden vor allem aus Warten. Warten auf den Jagdbeginn, Warten auf das Wild, Warten auf den Hund, Warten auf die Strecke, die nach und nach herbeigebracht wird. Der Streckenplatz ist mit Fichtenreisern ausgelegt. Dort werden die geschossenen Tiere in strenger Ordnung aufgereiht. Zuerst die Hirsche, dann das weibliche Rotwild und die Kälber, am Ende die Rehe. Die breite Mitte ist graubraun bis grauschwarz und besteht aus Wildschweinen, wenn alles gut gegangen ist, aus vielen Wildschweinen, und zwar vor allem aus Frischlingen. Denn es gilt, den Nachwuchs abzuschöpfen. Wenn eine Bache angeliefert wird, ein weibliches Wildschwein, verfinstern sich die Mienen vieler Jäger. »Das hätte nicht passieren dürfen«, knurren sie dann. Es ist aber nötig, auch Bachen zu schießen, wenn man den Schwarzwildbestand wirklich senken will.

Mit einbrechender Dunkelheit werden Feuer an den Ecken des Streckenplatzes entzündet. Man schreitet zur Übergabe der Brüche und zum Verblasen der Strecke – Hirsch tot, Sau tot, Reh tot. Jeder erfolgreiche Jäger bekommt einen Fichtenzweig. Sehr stimmungsvoll ist das, wenn die Hörner im Wald erklingen, der »schwarz steht und schweiget, und aus den Wiesen der weiße Nebel steiget wunderbar«. In solchen Momenten werde selbst ich sentimental.

Es ist mit den Sauen nicht immer so aufregend und aufwendig. Als ich an einem Abend kurz vor Weihnachten am Stadtrand von Berlin auf den Hochsitz kletterte, saßen die Schweine schon im Schnee und dösten, vier halbwüchsige Frischlinge. Sie schienen sich nicht an mir zu stören. Ich nestelte eine Patrone aus meiner Jackentasche und lud mein Gewehr. Da wurden sie aufmerksam. Einer löste sich aus der Gruppe und hielt misstrauisch den Rüssel in den Wind. Den schoss ich tot. Die anderen drei verschwanden in der Nacht. Wenn die ehemaligen Rieselfelder von Berlin-Pankow nicht verschneit gewesen wären und der Mond nicht hell am Himmel gestanden hätte, hätte ich die Schweine wahrscheinlich nicht rechtzeitig bemerkt. Ich rechne lieber nicht aus, wie viele Stunden Jagdzeit nach vielen erfolglosen nächtlichen Ansitzen mich diese Beute gekostet hat. Mehr als eine halbe Million Wildschweine werden zurzeit jährlich in Deutschland geschossen. Veranschlagt man für jedes – das ist wahrscheinlich noch zu optimistisch – fünf Stunden, kommt man auf zweieinhalb Millionen Jagdstunden. Wer wollte die bezahlen, wenn man sie bezahlen müsste?

Mein Schwein war ein Schweinchen. 17 Kilo wog es aufgebrochen, also ohne Innereien. Den Rücken gab es an Heiligabend, butterzart. Es ist schön, wenn man weiß, was auf den Tisch kommt. Beim gemeinsamen Essen verflüchtigen sich alle Zweifel, ob man noch ganz bei Trost sei, sich halbe Nächte um die Ohren zu schlagen, sich im Sommer von Mücken und im Winter vom Frost stechen zu lassen. Der Frischling in der Pfanne spricht eine eindeutige Sprache. Das war wohlgetan, sagt er. In solchen Momenten, in denen die Jagd ihren kulinarischen Abschluss findet, vergisst man auch, dass es durchaus offen ist, ob die Jäger über das Schicksal der Wildschweine oder die Wildschweine über das Schicksal der Jäger entscheiden. Wir reden vom »Schwarzwildproblem«, an dem sich seit Jahren die Gemüter nicht nur von Jägern und Landwirten erhitzen. Das Erlegen meines Frischlings ist nur ein minimaler Beitrag zur Lösung dieses Problems. 150 Wildschweine schossen wir im Gebiet des Forstamtes Pankow im Norden Berlins in einem Jahr. Trotzdem sehen die Wiesen hier an vielen Stellen so aus, als wären sie umgepflügt.

Wenn die großen Maisschläge am Berliner Stadtrand geerntet werden, gibt es Wildschweinalarm. Der Förster versucht, so viele Jäger wie möglich zusammenzutrommeln. Dann klingelt auch bei mir das Telefon. Nur zu gern lasse ich mich vom Schreibtisch losreißen. Es muss schnell gehen. In den Maisfeldern sitzen die Schweine wochenlang ungestört. Jetzt treibt der Maishäcksler sie vor sich her. Bahn um Bahn zieht die riesige Erntemaschine. Immer kleiner wird die Maisinsel in der Mitte des Feldes. Wenn er Schweine direkt vor sich hat, schaltet der Fahrer das orangefarbene Blinklicht ein. Irgendwann verlieren die Schweine die Nerven und suchen das Weite. Dann sind hoffentlich schon genug Jäger in roten Signalwesten am Rand des Feldes postiert. Schüsse fallen. Wenn es gut läuft, bleiben sieben oder acht Sauen auf der Strecke. Etliche mehr entkommen. Die Maisjagd ist gefährlich, nicht nur für die Wildschweine. Kleine Unachtsamkeiten, unüberlegtes, überhastetes Schießen in der Hitze des Gefechts können schlimme Folgen haben. Mancher Jäger ist schon von einer verirrten Kugel getroffen worden. Und trotzdem gehören Männer mit Gewehren und roten Signalwesten inzwischen fest zur Szenerie der Maisernte. Jäger sind keine Krieger. Aber im Zusammenhang mit dem Schwarzwild fällt das Wort Krieg immer öfter. Was ist los?

Wildschweine sind zum dauerpräsenten Politikum in den Medien geworden. Da randalieren ganze Rotten in Supermärkten und verenden im Kugelhagel von Polizeipistolen, wie im hessischen Rüsselsheim geschehen, wo im September 2008 Polizisten mehr als 100 Schüsse auf sechs Schweine abgaben, die sich in die Innenstadt verirrt hatten. Das Ereignis ist als »Blutsonntag von Rüsselsheim« in die Geschichte eingegangen. Nicht nur in Berlin, das als »Hauptstadt der Wildschweine« weltweite Berühmtheit erlangt hat, sind Hunde in stadtnahen Wäldern ihres Lebens nicht mehr sicher. Vorgärten werden zur Schweine-Kinderstube. Kindertagesstätten müssen vorübergehend geschlossen werden, weil Überläufer sich in den Sandkästen vergnügen. Vor wenigen Jahren noch undenkbar, wird heute, diskret zwar und im Schutz der Nacht, auch in den Städten gejagt, also in den, wie es juristisch so schön heißt, eigentlich »befriedeten« Bezirken, wo die Jagd normalerweise ruht.

Nicht nur Wildschweine, auch andere Wildtiere wandern in die Städte ein. Füchse oder Waschbären, die Mülltonnen durchwühlen, gehören vielerorts zum Stadtbild. Parks, Stadtbrachen, Baulücken, stillgelegte Industrieanlagen bieten Arten Lebensraum, die außerhalb der Städte selten geworden sind. In Berlin sollen mehr Nachtigallen brüten als in ganz Bayern. Dass auch der Allesfresser Wildschwein die Chancen der Großstadt nutzt, kann nicht verwundern. Die Städter werden lernen müssen, sich mit den Stadtschweinen zu arrangieren, sie auf Distanz zu halten, nicht zu füttern und sich ihrer gegebenenfalls auch mit allen erlaubten Mitteln zu erwehren. Die Stadtschweine sind ein besonders spektakulärer Beleg dafür, dass Wildtiere sich ihren Lebensraum nach anderen Gesichtspunkten suchen, als naturromantische Großstädter glauben. Sie brauchen keine »Naturoasen«. Mit dem »Schwarzwildproblem«, das Jäger und Landwirte in Bedrängnis bringt, haben die Stadtschweine allerdings nicht viel zu tun. Dieses Problem entfaltet seine politische Brisanz auf jenen rund 80 Prozent der Landesfläche, die land- und forstwirtschaftlich genutzt werden.

Würde die Politik den Forderungen mancher Bauernfunktionäre oder etwa der Interessengemeinschaft der Schweinehalter Deutschlands folgen, die ein Überspringen der Schweinepest in ihre Ställe fürchtet, müsste ich mich als Jäger innerlich total umstellen und äußerlich verwandeln. Ich sähe dann etwa so aus wie ein Angehöriger eines KSK-Kommandos in Afghanistan. Nachtsichtgerät und Laservisierung wären das Mindeste. Statt Maiskörnern für die Lockfütterung müsste ich Antibabypillen in der Tasche mitführen und sie an den Lieblingsplätzen der Sauen verteilen. Und für den Nahkampf bräuchte ich ein langes Messer oder eine Pistole, denn auch die Wildschweine, die in großen Käfigfallen gefangen werden sollen, müssten ja irgendwie ums Leben gebracht werden. Heute kann man solche Vorstellungen noch als Extremismus abtun. Aber wenn durch die herkömmliche Jagd das rapide Wachstum der Wildschweinbestände nicht eingedämmt werden kann, werden sie auf die politische Tagesordnung kommen. Sogar der Einsatz der Bundeswehr ist schon gefordert worden.

Man muss sich einige Zahlen vor Augen führen, um die Dimension des Problems zu erkennen. Vor 80 Jahren betrug im gesamten Deutschen Reich, also auf einer Fläche, die um etwa ein Drittel größer war als das heutige Staatsgebiet der Bundesrepublik, die Schwarzwild-Jagdstrecke nur ein Zehntel der heutigen. Auch in der Bundesrepublik und der DDR wurden bis Ende der Sechzigerjahre zusammen nie mehr als 50 000 Wildschweine geschossen. Dann ging es in großen Schritten auf die Hunderttausendermarke zu. Mitte der Siebzigerjahre wurde sie erreicht, Ende der Achtziger hatte sich die Strecke noch einmal verdoppelt, Anfang der Neunziger lag sie bei 300 000, zur Jahrtausendwende bei 400 000, schon im darauffolgenden Jahr wurde die 500 000 erreicht. Im Jagdjahr 2008/09 schossen die Jäger 646 790 Sauen, 2017 sogar mehr als 800 000. Damit kam die Schwarzwild- zum ersten Mal in die Nähe der Rehwildstrecke, die seit Jahren stabil bei einer Million liegt. Dazwischen gab es Einbrüche, etwa nach dem strengen Winter 2005/06. Aber nach solchen natürlichen Ereignissen explodierten die Bestände immer wieder aufs Neue. Die jährliche Reproduktionsrate einer Schwarzwildpopulation liegt bei 200 bis 300 Prozent des Ausgangsbestandes.

Die Erforschung der Ursachen für die Schwarzwild-Explosion ist noch nicht abgeschlossen. Aber zwei Hauptfaktoren lassen sich doch ausmachen: Klima und Landwirtschaft. Auch wenn die strengen Frostperioden, die wir immer wieder erleben, anderes vermuten lassen, muss man doch feststellen, dass die letzten beiden Dekaden von ausgesprochen warmen Wintern geprägt waren. Das hat die Sterblichkeit neugeborener Frischlinge im zeitigen Frühjahr stark reduziert. Auch auf die Vegetation hat die Wärme, verbunden mit dem Stress durch Umweltbelastungen, große Auswirkungen. Früher standen, wie der Förster sagt, Buchen und Eichen nur alle vier oder fünf Jahre voll in der Mast, brachten also ein Optimum an Früchten. Heute ist das fast in jedem Jahr der Fall. Der Wald ist durchgehend ein Wildschwein-Schlaraffenland. Vielmehr gilt das aber noch für die Felder. Zum Mais sagen die Jäger »Schweineglück«. 1960 wuchs dieses Glück in Deutschland auf 50 000 Hektar, 1970 auf 400 000, 1990 auf 1,6 und heute auf zwei Millionen Hektar, und die Tendenz steigt ebenso wie die Zahl der Biogasanlagen. Eine ähnliche Entwicklung nahm der Rapsanbau. Den Raps schätzt das Wildschwein fast so wie den Mais. Die bewirtschafteten Schläge wurden immer größer, die Jagd in diesen Agrardschungeln ist schwierig bis unmöglich. Vom Frühjahr bis zum späten Herbst bieten sie dem Schwarzwild Unterschlupf und Nahrung.

Heiß umstritten ist die Relevanz eines dritten Faktors: der Jagd selbst. Vor allem Jagdgegner behaupten, die Jäger seien schuld am »Schwarzwildproblem«, es sei »hausgemacht«, denn die wüste Ballerei stachele die Vermehrung der Schwarzkittel überhaupt erst an. Dahinter steht eine wildbiologische Hypothese, die allerdings wissenschaftlich nicht bewiesen ist. Sie besagt, dass die Leitbachen einer Rotte, also eines Familienverbandes, die Reproduktion kontrollieren, indem sie jüngere Weibchen an der Fortpflanzung hindern. Bei anderen sozial lebenden Arten, wie zum Beispiel Wölfen, ist das erwiesenermaßen der Fall. In Bezug auf Wildschweine ist das aber wohl Wunschdenken. Es gibt Beobachtungen, dass die Leitbachen den Zyklus aller weiblichen Tiere ihres Verbandes synchronisieren, alle Weibchen also ungefähr zur selben Zeit ihre Jungen bekommen. Dafür, dass nur die Leitbache sich fortpflanzt, gibt es keine Anhaltspunkte und damit auch keine wissenschaftliche Grundlage für die Forderung, die Wildschweine einfach in Ruhe zu lassen, weil sich dann alles von selbst regele.

Die Art reagiert auf für sie optimale Umweltbedingungen mit maximaler Fortpflanzung. Selbst weibliche Frischlinge im Alter von wenigen Monaten sind daran in erheblichem Umfang beteiligt und scheren sich um die Autorität von Leitbachen keinen Deut. Alles andere widerspräche auch der Überlebensstrategie des Schwarzwildes als Art, die darauf gerichtet ist, unter günstigen Bedingungen das gesamte Reproduktionspotenzial auszuschöpfen. Solche optimalen Bedingungen jedoch sind von der Ausnahme zur Regel geworden.

Es ist schon erstaunlich, wie zäh sich scheinwissenschaftliche Vorurteile halten, wenn sie in ideologische Konzepte passen. Wildbiologen wie Ulf Hohmann und Ulrich Wotschikowsky ziehen seit Jahren gegen den Leitbachen-Mythos zu Felde. Auch nach ihren Recherchen findet sich in der wissenschaftlichen Literatur kein einziger Beleg dafür, dass die Leittiere in den matriarchalisch organisierten Sozialverbänden der Wildschweine eine die Reproduktion begrenzende Rolle spielen. Aber von der unantastbaren Leitbache als weiser Urmutter und ökologischer Clearingstelle, als Ankerpunkt des natürlichen Gleichgewichts wollen weder die Jagdgegner noch die konservativen Jäger lassen. Beide fürchten, dass die Jagd die Quelle aller Unordnung sei. Sie ziehen nur gegensätzliche Konsequenzen daraus. Die Jagd einstellen, fordern die einen, damit sich alles von selbst richte. Die Schonung der Leitbachen, sagen die anderen, sei die Voraussetzung dafür, die Wildschweinbestände durch Jagd »in den Griff« zu bekommen. Sie betrachten die Bachen gewissermaßen als Kapital, das geschont werden muss, wenn es weiterhin Zinsen bringen soll. An sich ist ein solch »nachhaltiger« Umgang mit der natürlichen Ressource Wildschwein ja sympathisch. Er verkennt nur, dass es längst nicht mehr darum geht, den Schwarzwildbestand zu erhalten. Er muss deutlich reduziert werden.

Die Forderung kann also nicht lauten »Schluss mit

dem Wildschwein-Massaker«, sondern sie muss heißen: noch effektiver jagen. Das stößt sich allerdings mit tief wurzelnden Einstellungen konservativer Jäger. Verstehen kann man, dass sie die Jagd nicht zur Schädlingsbekämpfung verkommen lassen wollen. Aber manche ehernen Prinzipien der überkommenen Weidgerechtigkeit müssen doch überdacht werden. Solange es als »unweidmännisch« gilt, Bachen zu erlegen – sie könnten ja trächtig sein –, wird die Jagd das »Schwarzwildproblem« nicht lösen können. Nach dem Bundesjagdgesetz ist es eine Straftat, ein weibliches Tier zu schießen, das abhängige Junge führt. Dabei muss es bleiben. Aber warum soll bei Wildschweinen der Abschuss trächtiger Tiere ein Frevel sein, wenn er doch etwa bei Reh- und Rotwild die Regel und gefordert ist? Rehgeißen und Hirschkühe sind fast immer trächtig, wenn sie im Spätherbst oder Winter, ihrer Hauptjagdzeit, geschossen werden. Und weibliche Wildschweine sind es, sobald sie das gestreifte Frischlingskleid abgelegt haben, auch sehr oft. Wer aber die Reproduktionsdynamik einer Population brechen will, der muss, so grausam es klingt, ihre Träger dezimieren. Und das sind nun einmal die Weibchen.

Die Wildschweinjagd muss sich von Vorstellungen traditioneller Hege lösen. Es kann heute nicht mehr darum gehen, den »reifen Keiler« ins Zentrum hegerischer Anstrengungen zu rücken. Sie sind nicht als »Erntekeiler« der Lohn aller Mühen. Ob man alte Keiler totschießt oder nicht, ist populationsdynamisch ziemlich irrelevant. Es schadet nichts, es nützt auch nichts. Aber die Zeit, die der Jäger mit dem Warten auf ein schwarzes Urviech mit großen Hauern verbringt, ist sinnvoller verwendet für die Jagd auf den wuselnden Nachwuchs und alle weiblichen Tiere, die gerade keine Jungen säugen. Mit anderen Worten: Wer angesichts der ausufernden Wildschweinbestände zuallererst an Trophäen denkt, wer fürchtet, er könne bald zu wenige Wildschweine im Revier haben und deshalb die erlaubten Lockfütterungen zu verbotenen kalten Büffets ausbaut, der hat nicht verstanden, um was es geht. Die Krisenpläne für den Fall eines Ausbruchs der Afrikanischen Schweinepest setzen schon jetzt die Regeln traditionellen Weidwerks außer Kraft.

Die politische Macht des Schwarzwildes ist nicht zu unterschätzen. In der Revolutionszeit von 1848 waren es vor allem Felder verwüstende Wildschweine, die das Landvolk gegen die adeligen Jagdprivilegien auf die Barrikaden trieben. Und nach dem Zweiten Weltkrieg, als in West und Ost die Wildschweine die ohnehin riesigen Ernährungsprobleme noch verschärften, ließen die Besatzungsmächte zum ersten Mal wieder Schusswaffen in deutschen Händen zu, um dieser Plage zu begegnen. Jagd ist nach dem Gesetz ein öffentlicher Auftrag. Vor allem bei der Wildschweinjagd sollten sich die Jäger von dem Gedanken verabschieden, es gehe hier vor allem um ihr Vergnügen. Das stellt sich von ganz alleine ein, wenn der Frischlingsrücken in der Pfanne schmurgelt.

ACHTES KAPITEL

Der Wolf

Seit der Jahrtausendwende ist Deutschland wieder Wolfsland, denn im Frühjahr des Jahres 2000 zog ein wild lebendes Wolfspaar auf einem Truppenübungsplatz in der Lausitz zum ersten Mal seit dem 19. Jahrhundert Welpen auf. Aus dieser Pionierfamilie, die aus Westpolen einwanderte, ist in weniger als zwei Jahrzehnten durch Vermehrung und weitere Zuwanderung eine in Deutschland im Jahr 2017 etwa siebzig Rudel umfassende Wolfspopulation entstanden. Einzelne Tiere, die auf der Suche nach Territorien aus dem Osten nach Deutschland einwanderten, waren in den vergangenen Jahrzehnten immer wieder einmal aufgetaucht. Aber sie hatten keine Chance. Die grauen Gespenster traf eine Kugel, oder sie verluderten überfahren am Rand einer Autobahn. In der DDR galt bis 1990 das Gebot, jeden Wolf zu erlegen. Seitdem aber stehen sie unter Schutz und machen Ernst mit ihrer Rückkehr in ein Land, in dem sie seit 150 Jahren so gut wie ausgerottet waren. In manchem Heimat- oder Naturkundemuseum steht ausgestopft und von Motten mehr oder weniger zerfressen einer jener »letzten« Wölfe, die wackere Jägersleut' irgendwann im 19. Jahrhundert zur Erleichterung des ehrbaren Landvolks erlegt hatten. War der Wolf tot, hatte der Fortschritt gesiegt.

Heute ist es genau umgekehrt. Die meisten Leute

halten es für einen Fortschritt, für einen Sieg des Artenschutzes und der ökologischen Aufklärung, dass die Wölfe wiederkommen. Die Sympathie für sie wächst allerdings mit dem Abstand zu ihnen. Sie ist in den Großstädten am größten. Dort, wo die Leute sich tatsächlich mit den neuen Nachbarn arrangieren müssen, begegnet man den Wölfen eher mit gemischten Gefühlen. Widerstreitende Interessen und Gefühle sind denn auch der Stoff, mit dem das »Wolfsmanagement« sich zu befassen hat. Das Wort wie auch die mit ihm bezeichneten Aufgaben und Tätigkeiten sind mit den Wölfen nach Deutschland und in die deutsche Sprache eingewandert. Politik, Interessenverbände, Verwaltungen und Medien beackern dieses neue Betätigungsfeld mit einiger Inbrunst. Es geht um die Moderation von Konflikten etwa zwischen Fürsprechern der Weidetierhaltung und Wolfsschützern. Aber dabei stoßen auch immer wieder ganz unterschiedliche Konzepte von Natur aufeinander. Für die einen erfüllt der Wolf die Sehnsucht nach Wildnis, für die anderen ist er ein Eindringling in eine Kulturlandschaft, in die er nicht gehört. Für beide ist der Wolf damit hauptsächlich eine Projektionsfläche und nicht das anpassungsfähige Wildtier, das nüchtern einfach das tut, was ihm am besten bekommt.

An einem Herbstmorgen saß ich in der Lausitz, dem Quellgebiet der deutschen Wölfe, am Waldrand und beobachtete einen jungen Rothirsch auf einer Wiese. Er war im Frühnebel nur als Silhouette auszumachen. Der Hirsch äste friedlich, hob ab und zu sichernd den Kopf und kratzte sich mit den dünnen Geweihstangen das Fell. Als die Sonne durch den Nebel brach, zog er sich in den Wald zurück. Wenige Minuten später tauchte genau an dieser Stelle ein Wolf auf und gleich darauf ein zweiter. Es waren Jungwölfe, Welpen vom Frühjahr, die halbjährig schon aussahen wie erwachsene Wölfe. Sie trabten gemächlich über die Wiese, schnüffelten im Gras und verschwanden wieder im Wald. Das war meine erste Begegnung mit frei lebenden Wölfen in Deutschland. Vom nahe gelegenen Kraftwerk »Schwarze Pumpe« drangen die Geräusche eines betriebsam beginnenden Arbeitstages zu mir. Sie störten mein Naturempfinden sicher mehr als das der Wölfe. Bei deren Anblick war ich tief ergriffen gewesen. Doch diese Ergriffenheit war spätestens dann verflogen, als ein Auto hupte. Sie wich der ebenso beglückenden wie ernüchternden Einsicht, dass die Wölfe hierhergehören als alte Nachbarn, die lange weg waren.

Als Jäger sehe ich im Wolf einen Kollegen. Und zwar einen, der in jeder Hinsicht bewunderungswürdig ist. Gemessen an seinen Sinnesleistungen, seiner Ausdauer und seinem Jagdverstand komme ich mir als zweibeiniger Gewehrträger mit Fernglas doch ziemlich minderbemittelt vor. Ohne die Nase meines Hundes wäre ich oft schnell mit meinem Latein am Ende. Weil ich zu denen gehöre, die den Wolf bewundern und seine Rückkehr nach Mitteleuropa für ein Glück halten, nennt mich mancher Jägerkollege einen »Wolfskuschler«. In den ersten Jahren des neuen Wolfszeitalters glaubte ich noch, dass die Jäger in Deutschland in ihrer Mehrheit bereit und fähig seien, den Mitjäger Wolf zu akzeptieren und sich langsam von ihrer Selbstüberschätzung als Superregulatoren der Wildbahn zu verabschieden.

Das hat sich leider nicht bestätigt. Die Stimmen mehren sich, dass dem wölfischen Treiben endlich Grenzen gesetzt werden müssten. An den Stammtischen war das schon immer die Grundstimmung. Jetzt schwenkt auch die Politik der traditionellen Jagdverbände, die sich bislang immer noch ein Bekenntnis zum Heimkehrer Wolf abrangen, in eine wolfsfeindliche Richtung. Die Bedenkenträger führen das große Wort.

Man merkt offenbar, dass die Rückkehr der Wölfe nicht ohne Folgen bleiben kann für das Jagdwesen und das Selbstverständnis der Jagd. Der jagende Wolf durchkreuzt nun einmal manchen immer noch an der Trophäe orientierten Hegeplan der Jagdpächter. Er macht das Wild wieder wilder und die Jagd möglicherweise schwieriger. Der Wolf greift sich nicht nur manchen »Zukunftsbock«, sondern er beißt auch im Jagdwesen manch alten Zopf ab. Er interessiert sich nicht für die Grenzen von Jagdbezirken. Das Territorium eines Rudels umfasst etwa fünfzig solcher Bezirke, wenn man eine Durchschnittsgröße von 500 Hektar veranschlagt. Es ist immer noch ein weitverbreiteter Jägertraum, sich in solch einem kleinen Reich ein Jagdparadies einzurichten und sich gegen die unabweisbare Notwendigkeit großflächigen Wildmanagements abzuschotten. Der Wolf lässt solche Träume platzen. Er ist wie belebender Sauerstoff für die von Wilhelm Bode und Elisabeth Emmert längst geforderte und fällige »Jagdwende« weg von der Trophäenhege und »vom Edelhobby zum ökologischen Handwerk«, das sich als Teil der Land- und Forstwirtschaft versteht. Die konservative Mehrheit der Jäger scheint nicht bereit zu sein, diesen Weg zu gehen.

Der Aussichtsturm am Schweren Berg bei Weißwasser in der sächsischen Lausitz bietet einen weiten Blick über den Braunkohletagebau Nochten. Abraumhalden erstrecken sich bis zum Horizont. Wo die gigantischen Bagger, die den Brennstoff für das Kraftwerk Boxberg fördern, ihre Arbeit schon verrichtet haben, erstrecken sich Heide und Jungwald, wiederhergestellte Natur, Landschaft aus Menschenhand. Hier lebte die Wölfin »Einauge«, eine der Urmütter der deutschen Wölfe, die bis zu ihrem Tod im Jahr 2013 mehr als vierzig Welpen aufzog.

Geboren wurde sie auf dem Truppenübungsplatz Oberlausitz in der Muskauer Heide. Ihre Eltern waren eben jenes etwa 1998 aus Polen eingewanderte Paar. Seitdem jedenfalls fanden die für den Wald der Bundeswehrliegenschaft zuständigen Bundesförster Anzeichen dafür, dass ein Wolfspaar zwischen Schießbahnen und Panzerspuren ebenfalls jagte. Im Frühling nach der Jahrtausendwende setzte dieses Paar Nachwuchs in die Welt. Es ist, als hätte es ein Gespür für historische Zäsuren gehabt. Als die Bonner zur Berliner Republik wurde, als Parlament und Regierung vom Rhein an die Spree zogen, waren auch die Wölfe da, kaum mehr als hundert Kilometer von der neuen Hauptstadt entfernt, die gerade begann, sich zur Metropole zu mausern.

Zunächst versuchten Förster und Naturschützer, die wölfische Zuwanderung zu verheimlichen. Sie fürchteten, den Wölfen bekäme die Öffentlichkeit nicht gut. Doch das Geheimnis war nicht lange zu hüten. 2001 stand in den Zeitungen, dass die Wölfe nach Deutschland zurückgekehrt seien. Seitdem wird über sie gestritten. Was sie allerdings nicht daran hindert, sich das Land, aus dem sie nahezu verschwunden waren, Schritt für Schritt zu erobern.

»Einauge« war eine späte Mutter. Erst 2005 fand sie einen Partner. Nächtliche Filmaufnahmen zeigen das Paar. Bei der Wölfin leuchtet nur ein Auge, das linke. So kam »Einauge« zu ihrem Namen und zu ihrer Prominenz. Bis 2011 zogen die beiden Jahr für Jahr Junge auf. Ihre Nachkommen gründeten weitere Rudel. Eine Tochter wanderte nach Niedersachsen und begründete das dortige Wolfsvorkommen. Ein Sohn, der 2009 von Wildbiologen besendert wurde, lief bis nach Weißrussland, ein Enkel bis Dänemark. 2010 wurde auch »Einauge« eingefangen und mit einem Senderhalsband versehen. Leider funktionierte das Gerät nicht lange. Doch immerhin ergaben die in wenigen Monaten gesammelten Daten, dass die Wölfin ein Territorium von 200 Quadratkilometern bewohnte – bis 2012. In diesem Jahr übernahm eine ihrer Töchter das Regiment im Revier. 2013 wurde »Einauges« Kadaver gefunden. Als Todesursache stellte man im Berliner Leibniz-Institut für Zoo- und Wildtierforschung schwere Bissverletzungen fest. Offenbar war die Wölfin von Artgenossen getötet worden, war in einem wölfischen Grenzkrieg ums Leben gekommen. Menschen hatten ihr vergeblich nach dem Leben getrachtet, mehrfach war auf sie geschossen worden. In ihrem Körper fand man Schrote und andere Geschosspartikel. »Einauge« trotzte ihrer Umwelt ein langes und fruchtbares Wolfsleben ab. Sie steht für die Anpassungsfähigkeit, Zähigkeit und Lebensenergie, die Canis lupus einmal zu dem neben dem Menschen am weitesten verbreiteten Landsäugetier der nördlichen Hemisphäre machten. Diese Eigenschaften erlauben es dem Wolf, die Chancen zu nutzen, die sich ihm im Europa des 21. Jahrhunderts auftun, Chancen, die die Frucht eines tief greifenden naturräumlichen und gesellschaftlichen Wandels auf dem alten Kontinent sind. Der Wolf ist nicht der einzige Gewinner. Er hat Gesellschaft von anderen großen Beutegreifern, die ebenso in angestammte Gebiete, aus denen sie lange verschwunden waren, zurückkehren.

An alarmierende Nachrichten über den offenbar unaufhaltsamen Schwund der Artenvielfalt hat man sich gewöhnt. Nach dem jüngsten Artenschutzbericht des Bundesamtes für Naturschutz sind ein Drittel der in Deutschland vorkommenden Tier- und Pflanzenarten vom Aussterben bedroht. Verzweifelt stemmen sich Naturschützer gegen das Artensterben. Der Schutz der Biodiversität steht längst ganz oben auf der Agenda der internationalen Politik. Das alles konnte bisher den global verhängnisvollen Trend nicht stoppen.

Trotzdem ist Artenschutz nicht vergebens, ja, er kann sogar spektakuläre Erfolge feiern, und zwar gerade bei Arten und in Lebensräumen, die das nicht unbedingt vermuten lassen. Ausgerechnet im dicht besiedelten Europa, dessen Naturräume seit Jahrhunderten vom Menschen überformt sind, erleben die großen Beutegreifer eine erstaunliche Renaissance. Wolf, Bär und Luchs, und in Skandinavien auch der Vielfraß, ein Großmarder, breiten sich wieder aus, nachdem sie bis zur Mitte des 20. Jahrhunderts in weiten Gebieten ausgerottet worden waren. Die Rückkehr der Wölfe nach Mitteleuropa ist nur ein besonders spektakulärer Ausschnitt aus diesem Gesamtgeschehen.

Im Jahr 2014 veröffentlichten Forscher aus 26 europäischen Ländern im Wissenschaftsjournal *Science* eine Bestandsaufnahme über die Verbreitung und die Populationsgrößen von Wolf (Canis lupus), Braunbär (Ursus arctos), Eurasischem Luchs (Lynx lynx) und Vielfraß (Gulo gulo) auf dem europäischen Festland ohne Russland, Weißrussland und die Ukraine (Guillaume Chapron et al.: »Recovery of large carnivores in Europe's modern human-dominated landscapes«). Sie trugen alle verfügbaren Daten zusammen und kamen zu dem einigermaßen erstaunlichen Schluss, dass das von Kulturlandschaften geprägte Europa ein durchaus »wilder« Kontinent ist. Mindestens eine der genannten Arten kommt in fast allen Staaten vor. Die Autoren machten noch die Ausnahme Niederlande, Belgien Luxemburg und Dänemark, aber auch dort ist, mindestens auf der Durchreise, der Wolf inzwischen aufgetaucht. In Dänemark hat es im Frühjahr 2017 sogar zum ersten Mal seit 200 Jahren Wolfsnachwuchs gegeben.

Das Untersuchungsgebiet umfasst rund 4,5 Millionen Quadratkilometer. Auf einem Drittel dieser Fläche, auf 1,5 Millionen Quadratkilometern, zeigt mindestens eine der vier Beutegreiferarten dauerhafte Präsenz. Bär, Wolf und Luchs gleichzeitig kommen auf einer Fläche von rund 600 000 Quadratkilometern vor. Das ist ein Gebiet von fast der doppelten Größe Deutschlands. Bemerkenswerterweise ist die größte der vier Arten auch die in absoluten Zahlen häufigste Art: Etwa 17 000 Braunbären leben in 22 Staaten Europas. Dem Bären folgt der Wolf mit rund 12 000 Individuen in 28 Ländern. Der Luchs – gemeint ist hier der in Europa und Asien verbreitete Eurasische Luchs, nicht der tatsächlich vom Aussterben bedrohte Iberische Luchs oder Pardelluchs – bringt es auf 9000 Individuen in 23 Ländern. Der Vielfraß ist auf Nordeuropa beschränkt und kommt mit etwa 1200 Exemplaren nur in den skandinavischen Ländern vor.

Aufschlussreich ist der Vergleich mit Amerika, vor allem hinsichtlich der Wölfe. Die Größe des europäischen Untersuchungsgebiets ist vergleichbar mit der der Vereinigten Staaten von Amerika ohne Alaska, den »contiguous US«. Sie sind mit acht Millionen Quadratkilometern etwa doppelt so groß wie Europa ohne Russland, Weißrussland und die Ukraine und mit 40 Einwohnern pro Quadratkilometer weniger als halb so dicht besiedelt. Trotzdem leben hier nur halb so viele Wölfe (5500), und auch das nur, weil man in den Neunzigerjahren des vorigen Jahrhunderts begann, in manchen Nationalparks wieder Wölfe anzusiedeln. Die Ausrottung des Wolfes, die in Europa über ein Jahrtausend betrieben wurde, fand im Amerika des 19. Jahrhunderts im Zeitraffer und weitaus gründlicher als in der Alten Welt statt. Nach dem Bürgerkrieg wurden in nur einem blutigen Jahrzehnt, zwischen 1865 und 1875, die Wölfe, die Bisons und damit die materiellen und kulturellen Lebensgrundlagen der Prärieindianer vernichtet. Die Siedler drangen in die Wildnis vor und machten sie zu Kulturland. So war das Verständnis: Wildnis war dort, wohin der – weiße – Mensch seinen Fuß noch nicht gesetzt hatte.

Amerikanische Naturschützer handeln überwiegend

nach dem Grundsatz, Raubtiere und Menschen müssten getrennt werden, wenn Raubtiere eine Chance haben sollen. Sie richten ihre Anstrengungen deshalb darauf, Reservate einzurichten und Wildnisgebiete zu schützen. Die Tiere halten sich zwar nicht immer an die damit gesetzten Grenzen – vor allem Pumas und Schwarzbären suchen oft die Nähe menschlicher Siedlungen auf – doch im Prinzip funktioniert die Separation Mensch Raubtier, die in Amerika wegen des immensen zur Verfügung stehenden Platzes den meisten plausibel erscheint.

Im Yellowstone-Park, dem ältesten Nationalpark der Welt, gegründet 1872 unmittelbar nach der Eroberung des Westens, rottete man bis 1930 die Wölfe systematisch aus, weil sie als bedrohlich empfunden wurden. Auch hatte man noch keinen Begriff davon, dass es für große Pflanzenfresser wie Wapitihirsche ausgesprochen gesund ist, wenn sie von Wölfen gejagt werden. Selbst der Gründer des amerikanischen Naturschutzes, Aldo Leopold, dachte zunächst, dass die Natur vor Raubwild und Raubzeug geschützt werden müsse. Er verstand erst spät, dass Beutegreifer wichtige Akteure in einem Ökosystem sind.

In Europa, stellen die Autoren des *Science*-Reports fest, gäbe es keine großen Beutegreifer, wenn man diesem Separationsmodell folgte. Zwar werden auch in Europa immer mehr Nationalparks eingerichtet, für Wolf und Bären spielen diese Schutzgebiete aber keine Rolle, weil selbst die größten Schutzgebiete noch zu klein sind, um den Lebensraum eines einzigen Rudels oder Individuums zu umfassen. Allenfalls dem Luchs mit seinem geringeren Aktionsradius und Wanderungsdrang helfen sie unmittelbar. Unsere 10 000-Hektar-Nationalparkwinzlinge im Schwarzwald, in der Eifel oder im Hunsrück sind als Streifgebiet eines Wolfsrudels aber zu klein. Immer wieder hört man von Jagd- und Bauernverbänden die Forderung, Wölfe müssten auf bestimmte, dünn besiedelte »Wolfszonen«, am besten Truppenübungsplätze, beschränkt werden. Das widerspricht nicht nur allen wildbiologischen Tatsachen, sondern auch dem gesunden Menschenverstand. Wir können große Beutegreifer nicht in Schutzgebiete sperren. Wir haben diese Wildtiere entweder als unmittelbare Nachbarn, oder wir haben sie gar nicht. Ist es nicht bezeichnend, dass die Wölfe lange Zeit um unsere Waldnationalparks einen Bogen machten, obwohl sie dort sehnlich erwartet wurden? Erst 2017 konnte ein Wolfsterritorium im bayerischen Wald nachgewiesen werden.

Es ist eine auch für Wolfsforscher noch nicht abschließend beantwortete Frage, warum Wölfe die großen Waldschutzgebiete der Nationalparks, die in den Kernzonen ja ausgesprochen ruhig sind, nicht bevorzugt als Lebensraum annehmen. Dort hätte man sie ja ganz gerne. Stattdessen laufen sie an der Nordseeküste herum. Sie verhalten sich eben anders, als viele erwarten.

Wichtigste natürliche Voraussetzung für die Wiederausbreitung der großen Beutegreifer ist ein historisches Populationshoch ihrer klassischen Beutetiere, also der großen wild lebenden Paarhufer Reh, Rothirsch und Wildschwein. Diese Arten sind längst auch in Gebiete etwa Italiens oder Frankreichs zurückgekehrt oder zurückgebracht worden, wo sie durch Jagd nahezu ausgerottet waren. Die Jagdtradition im deutschsprachigen Raum mit ihrer »Hege« hatte zwar immer für relativ hohe Schalenwildbestände (also der Bestände aller Paarhufer, Horn- und Geweihträger sowie von Schwarzwild, dessen Klauen von Jägern als Schalen bezeichnet werden) gesorgt. Doch wie wir schon gesehen haben, explodieren diese Bestände seit etwa 30 Jahren geradezu. Zu fressen also finden Wölfe überall in Europa genug.

Der vom Menschen geformte Lebensraum, der mit intakter Natur nichts gemein hat, ist für die großen Räuber kein Problem, sondern eher ein Schlaraffenland, weil er auch für die großen Pflanzenfresser, ihre Beutetiere, ein solches ist. Sie profitieren im Gegensatz zu vielen anderen Arten von der Überdüngung der mitteleuropäischen Biosphäre. Mitteleuropa ist vollgepumpt mit Stickstoff und vollgestopft mit wild lebenden Huftieren. Wölfe brauchen hier keine Lebensraumverbesserung wie andere bedrohte Arten. Unter naturschutzpraktischen Gesichtspunkten ist Wolfsschutz ziemlich einfach, einfacher jedenfalls als etwa der Schutz von Fischottern oder Feldhamstern, denen man Habitate schaffen muss. Unter naturpolitischen Gesichtspunkten allerdings ist der Wolfsschutz eine schwierige Königsdisziplin. Akzeptanz schaffen, Interessenkonflikte moderieren, falsche Ängste und falsche Romantik als solche entlarven, Verteufelung und Verklärung des Wolfes bekämpfen – das ist ein mühseliges Geschäft, wie alle diejenigen wissen, die sich mit diesem Thema näher befassen. Noch vor einer Generation hielt die Mehrzahl der Europäer die Ausrottung der großen Raubtiere wenn auch nicht unbedingt für einen Fortschritt, so doch zumindest für einen notwendigen Tribut an die Moderne. Selbst Naturschutzpioniere wie Bernhard Grzimek glaubten nicht daran, dass Wölfe noch einmal ihre Fährte in Deutschland ziehen könnten. Diese gesellschaftliche Grundeinstellung hat sich, zumindest in der urbanen Bevölkerung, gründlich geändert. Beutegreifer werden heute von den meisten als notwendiger Teil einer insgesamt schützenswerten Natur betrachtet, womit die Frage noch nicht beantwortet ist, ob der Einzelne diese Tiere in seiner unmittelbaren Nachbarschaft haben will.

Ein Glücksfall für den Artenschutz ist es, dass die europäischen Nationen auf diesem Gebiet verbindliche Formen der Kooperation gefunden haben. Die von mehr als 40 europäischen Staaten unterzeichnete Berner Konvention zum Schutz wild lebender Tiere und Pflanzen machte 1979 den Anfang. Die Fauna-Flora-Habitat-Richtlinie der EU aus dem Jahr 1992 implantierte ein Naturschutzregime, das die Mitgliedstaaten dazu verpflichtet, bedrohte Arten und ihre Lebensräume nicht nur konservatorisch zu schützen, sondern aktiv auf einen »günstigen Erhaltungszustand« dieser Arten hinzuarbeiten. Bär, Wolf und Luchs profitieren also von starken rechtsstaatlichen Verfahren und Institutionen, die auch von den mittel- und osteuropäischen Neumitgliedern der EU relativ schnell und erfolgreich eingeführt werden konnten.

Rechtssicherheit ist nicht nur die wichtigste Voraussetzung für das Glück der Menschen, sondern auch für das ihrer tierischen Mitbürger. Es ist die relative politische, rechtliche und soziale Stabilität Europas, die dem Wilden sein Daseinsrecht verschafft und sichert. Dieses

Wilde existiert nicht als romantisches Gegenbild zur Zivilisation, sondern als Bestandteil der vom Menschen geprägten Lebenswelt. Das Wilde oder die Wildnis ist nicht dort, wo die Zivilisation noch nicht hingekommen ist, wie man das in der Tradition amerikanischen Denkens meint. Es ist mitten unter uns. Diese Erkenntnis mag für manchen überraschend sein. Sie ist nicht leicht einzuordnen in ein weitverbreitetes Denkmuster, das »Natur« nur als vom Aussterben bedrohte »Reste« von etwas »Ursprünglichem« kennt, das vom Menschen »zerstört« wird. Die großen Räuber aber nutzen ganz selbstverständlich Verhältnisse, die vom Menschen geschaffen wurden.

Umfragen zeigen, dass die Mehrheit der Europäer den zurückkehrenden Raubtieren wohlwollend gegenübersteht. Wenn die neue Nachbarschaft auf Dauer gut gehen soll, ist nüchterner Realismus nötig. Romantisch verklären als ultimativen Friedenschluss zwischen Mensch und Natur darf man diese neue Nachbarschaft nicht.

Meine Beschäftigung mit Wölfen und mein Engagement im Wolfsmanagement Brandenburgs, des wolfsreichsten Bundeslandes, bringen mich immer wieder mit Schäfern zusammen. Für sie bedeutet die Rückkehr der Wölfe tatsächlich eine epochale Wende. Es klingt banal, aber es ist für die Arbeit des Schäfers fundamental, dass von nun an Zäune nicht nur die Schafe drinnen, sondern auch die Wölfe draußen halten müssen. Das Ausmaß an zusätzlicher Arbeit, die damit verbunden ist, machen sich Außenstehende meist nicht klar. Wolfsfreunde finde ich unter den Schäfern naturgemäß keine.

Aber das tut meiner Sympathie für sie keinen Abbruch, denn es gibt erstaunlich viele, die sich mit Zuversicht, Neugier und Einfallsreichtum der neuen Herausforderung stellen.

Unter den Konflikten, die der Wolf verursacht, ist der zwischen Weidewirtschaft und Wolfsschutz der gewichtigste, ja der einzig relevante. Denn er ist auch ein Zielkonflikt innerhalb des Naturschutzes. Wenn der Wolf tatsächlich die extensive Weidewirtschaft dauerhaft zurückdrängen würde, wäre das für die Biodiversität ein Desaster. Wirksame Methoden des Herdenschutzes sind noch nicht für alle Landschafts- und Haltungsformen gefunden, etwa an den Deichen der Nordseeküste oder auf den Almen des Hochgebirges. Nicht überall lassen sich Zäune und Herdenschutzhunde einsetzen. Es gilt vieles zu lernen. Und man wird wohl auch alte Gewohnheiten aufgeben müssen wie etwa die, Schafe den Sommer über auf den Bergweiden sich selbst zu überlassen. Ohne Hirten wird es dort nicht gehen.

Laurent Garde, der Direktor des französischen Forschungsinstituts für praktische Weidewirtschaft, ist gerade mit einer pessimistischen Botschaft an die Öffentlichkeit getreten. Die immer ausgeklügelteren Methoden des Herdenschutzes seien für Wölfe nichts anderes als Intelligenztests, die sie wie Laborratten letztlich immer bestehen. Es gehe nicht ohne Pulver und Blei. Mich macht das nachdenklich. Vielleicht ist doch in den Fällen, in denen Wölfe Schritt für Schritt lernen, Herdenschutzeinrichtungen zu überwinden, ein robusteres Eingreifen nötig, als das bei uns in Deutschland zurzeit üblich ist.

In den vier Hauptwolfsländern Sachsen, Sachsen-Anhalt, Brandenburg und Niedersachsen wurden 2016 insgesamt rund 730 Nutztiere gerissen. Wir rechnen all die dazu, bei denen der Wolf »nicht ausgeschlossen« werden konnte. Betroffen waren überwiegend Schafe, aber auch Gatterwild und in Brandenburg auch etliche Kälber. Die Zahl der Risse hat zugenommen, aber bei Weitem nicht in dem Maße wie die Zahl der Wölfe. Lokal gehen die Schäden oft zurück, wenn ein Mindestherdenschutz etabliert ist. Einzelne Wölfe konzentrieren sich auf Weidetiere, offenbar auch einzelne Rudel. Andererseits verhalten sich die meisten Wölfe völlig unproblematisch und fressen, was sie sollen, nämlich Rehe, Hirschkälber und Wildschweinfrischlinge. Was spricht dagegen, »Problemwölfe« abzuschießen, die sich hartnäckig nicht an diese Regel halten?

Bei den Schäfern habe ich auch gelernt, mich als Jäger nicht zu wichtig zu nehmen. Sie haben mit dem Wolf wirklich ein Problem. Die Jäger haben nur ein Problem mit sich selbst. Dem Schäfer gehören die Schafe, die der Wolf frisst. Dem Jäger gehört das Wild, von dem der Wolf lebt, nicht. Er hat nur das Recht, es zu jagen. Genug davon ist für beide da. Es gibt keine Anzeichen dafür, dass der Wolf die Reviere leer frisst, wie viele Jäger jammernd behaupten. Derzeit stehen 400 bis 500 Wölfen in Deutschland schätzungsweise vier bis fünf Millionen wilden Paarhufern gegenüber. Bei einem Verhältnis von 1:10 000 kann man sich die Wölfe schwer als Ausrotter von Reh, Hirsch oder Sau vorstellen. Sie werden deren Bestände in der Kulturlandschaft noch nicht einmal regulieren, weil der durch die moderne Landwirtschaft immer verfügbare Überfluss an pflanzlicher Biomasse die großen Pflanzenfresser niemals in prekäre Grenzsituationen geraten lässt, in denen ihnen Beutegreifer tatsächlich zusetzen könnten.

Weil an der Tatsache, dass es keinen wirklich nennenswerten Interessenkonflikt zwischen Jägern und Wölfen gibt, schlecht vorbeizukommen ist, versäumen es Jagdfunktionäre bei ihrer lautstarken Anti-Wolf-Propaganda nie, in der Bevölkerung Wolfsängste zu schüren und den Eindruck zu erwecken, es sei nur eine Frage der Zeit, bis der erste Mensch durch einen Wolf zu Schaden komme.

Wölfe können Menschen verletzen und töten. Und sie tun das auch. Die letzten tödlichen Attacken von nicht tollwütigen Wölfen gab es in West- und Mitteleuropa in den Fünfziger- und Siebzigerjahren im Nordwesten Spaniens, wo vier Kinder von Wölfinnen getötet wurden, die ihre Welpen in unmittelbarer Nachbarschaft von einigen Geflügelfarmen großzogen. Sie waren zumindest habituiert, also an Menschen gewöhnt, wahrscheinlich auch konditioniert, betrachteten einen Menschen also als Nahrungsquelle. Das Entstehen solcher Situationen muss konsequent unterbunden werden. Der Abschuss des niedersächsischen Problemwolfes »Kurti« war in diesem Sinne ein notwendiger Akt der Prävention. Die Hetze, der sich die Verantwortlichen nachher durch angebliche Tierschützer ausgesetzt sahen, wirft die Frage auf, ob übermotivierte Wolfsfreunde nicht eines der größten Probleme des Wolfsschutzes sind. Nüchtern betrachtet ist seit der Rückkehr der Wölfe das Leben in Deutschland nicht gefährlicher geworden. Es gab in all den Jahren keine einzige wirklich bedrohliche Situation. Das bedeutet nicht, dass es nicht doch einmal zu einem Wolfsangriff auf einen Menschen kommen kann. Wir verlangen von Afrikanern, dass sie sich, nicht zuletzt für unseren Safari-Tourismus, mit der Nachbarschaft von Löwen, Elefanten, Nilpferden oder Krokodilen arrangieren, die Jahr für Jahr mehr Todesopfer fordern, als europäische Wölfe es in einem ganzen Jahrhundert getan haben. Wir sollten daher das nicht messbare, aber sicher verschwindend geringe Restrisiko, das von unseren Wölfen ausgeht, gelassen tragen, wenn wir uns nicht lächerlich machen wollen.

Die Rückkehr der Wölfe ist eine gesellschaftliche und kulturelle Herausforderung, der ich alles in allem doch optimistisch gegenüberstehe. Ich denke, dass sich das Nebeneinander von Mensch und Beutegreifer organisieren lässt, wenn alle beteiligten menschlichen Interessengruppen sich von Neugier, dem Willen zum Lernen und zum Kompromiss leiten lassen. Luigi Boitani, der große italienische Wolfsfreund und -forscher, sagte einmal, wir Menschen müssten akzeptieren, dass die Wölfe manchmal Schaden anrichteten. Und die Wölfe müssten akzeptieren, dass manchmal einige von ihnen geschossen würden, wenn anders der Frieden nicht wiederhergestellt werden könne. Es kommt allerdings darauf an, die richtigen zu schießen, diejenigen eben, deren Verhalten nicht akzeptabel ist. Für die Jäger-Forderung nach allgemeinen Wolfsjagdquoten, nach »Obergrenzen« oder wolfsfreien Zonen lässt sich Boitani nicht vereinnahmen.

Während der Drückjagdsaison im Herbst und Winter

bin ich mit meinen beiden Stöberhunden in ganz Brandenburg unterwegs. Die Wälder sind nach wie vor voller Wild, die Jagdstrecken beeindruckend. Für mich ist es ein schönes Gefühl, beim Jagen die Wölfe in der Nähe zu wissen. Sie gehören dazu.

NEUNTES KAPITEL

Der Hase und das Rebhuhn

Es war Samstagnachmittag, und es gab Streuselkuchen. Der Höhepunkt des Tages aber stand noch bevor. Als es dunkel wurde, warf ich mir einen alten Kartoffelsack über die Schulter und ging zur Schule. Unter den alten Lindenbäumen des Schulhofs hatten sich schon andere Leute eingefunden, auch mit Kartoffelsäcken. Sie warteten auf die Rückkehr der Jäger. Endlich kamen sie. Zuerst war der Hufschlag des schweren Rheinischen Kaltbluts zu hören. Es zog den Leiterwagen. Auf Querbalken hingen, paarweise an den Hinterläufen zusammengebunden, die Hasen. Zweihundert waren es bestimmt. Und ebenso viele hatte der Wildhändler gleich am Mittag schon abgeholt. So ging das immer, wenn Treibjagd war, im Spätherbst, nach der Kartoffel- und Rübenernte. Ich war noch zu klein, um als Treiber mitzugehen. Aber zwei Hasen kaufen gehen, das durfte ich.

»Die Heimkehr der Jäger« oder auch »Die Jäger im Schnee« ist der Titel eines Gemäldes von Pieter Bruegel d. Ä. aus dem Jahr 1565. Die Jäger mit ihren langen Lanzen und ihren erschöpften Hunden sind auf einem Hügel angekommen, im Tal liegt das Dorf, auf den Teichen sieht man Schlittschuhfahrer. Die Landschaft ist tief verschneit, im Bildhintergrund recken sich eisige Felsspitzen in den Himmel. Die Jagd war nicht gerade erfolgreich. Einen einzigen mageren Hasen trägt einer der

Jäger auf dem Rücken. Vielleicht werden sie sich manchen Spott anhören müssen, wenn sie unten im Dorfgewimmel angekommen sind. Vielleicht herrscht aber auch betretenes Schweigen, weil der ärmliche Hase zeigt, wie wenig freigiebig die Natur ist in diesen winterlichen Zeiten. Die Jäger auf Bruegels Bild sind keine Herren. Sie gehen zu Fuß und tragen bäuerliche Tracht. Sie waren auf den Feldern, um zu ernten, was es im Winter dort noch zu ernten gibt: Hasen. Diesmal ist es bei einem einzigen Hasen geblieben.

Zu Hause im hessischen Ried gab es vierhundert Jahre später, Anfang der Sechzigerjahre des vorigen Jahrhunderts, so viele Hasen wie Kartoffeln. Am Tag der Treibjagd knallte es von morgens bis abends. Die Jäger kehrten im Triumphzug zurück, viele Landwirte darunter, der Arzt, der Tierarzt, der Zahnarzt, Lehrer, Handwerker und Kleinunternehmer des noch frischen Wirtschaftswunders. Wer von den Bauern keine Flinte trug, ging als Treiber mit. Ich saugte als Kind die Gerüche herbstlicher Jagd auf wie ein junger Hund, ein Aroma aus fetter Ackererde und fauligem Rübenkraut, Schießpulver und nassen Hunden – und Hasen, Hasen, Hasen. Ich zwängte mich zwischen den Jägern, Treibern und Hunden hindurch, um beim Streckelegen ganz vorne mit dabei zu sein. Eine große Zeremonie mit Fackeln und Hörnern wurde damals daraus noch nicht gemacht. Waren die Hasen erst einmal vom Wagen geladen und auf dem Boden in Reihen angeordnet, ging das Aussuchen auch schon los. Jeder Treiber durfte als Lohn einen mitnehmen. Der Obertreiber kümmerte sich um die Wünsche der Kunden. Jeder wollte natürlich einen jungen, einen zarten Hasen. Das Alter wurde an den Ohren, den Löffeln, abgelesen. Junge Hasen, so hieß es, hätten weiche Ohren, die leicht einzureißen seien. Später lernte ich, dass das kein zuverlässiges Zeichen ist. Einen jungen Hasen kann man an den Vorderläufen erkennen. An deren Innenseite ist bei bis zu einjährigen Tieren eine knorpelige Verdickung zu ertasten, das Strohsche Zeichen. Die Bauern aber schworen auf den Löffeltest. Und so bekam ich dann von dem mir wohlgesonnenen Obertreiber zwei Hasen mit eingerissenen Ohren ausgehändigt. Ich stopfte sie in meinen Kartoffelsack. An den sieben oder acht Kilo hatte ich als kleiner Bub schwer zu schleppen. Doch die Last beflügelte mich. Fast schon fühlte ich mich als heimkehrender Jäger. Das Aroma der Jagd hat mich nie wieder losgelassen. Und Jagd bedeutete Hasenjagd.

Heute ist das anders. Deshalb komme ich auch so spät erst auf den Hasen zu sprechen. Mancher Jäger wird mir vorwerfen, ich erweise dem Hasen als Stellvertreter des gesamten Niederwildes nicht den nötigen Respekt und sei auf das Schalenwild, auf Hirsch, Sau und Reh fixiert, auf Huftiere, die man mit der Kugel erlege und nach dem Jagdgesetz nur mit der Kugel erlegen dürfe. An diesem Vorwurf ist etwas dran. Doch leben wir nun einmal jagdgeschichtlich in einer Schalenwildepoche. Unsere Groß- und Urgroßväter hätten sich nicht träumen lassen, welchen Aufschwung diese Wildarten erleben würden. Mein Großvater hat in seinem Jägerleben kein einziges Wildschwein geschossen, aber wohl Hunderte von Hasen und Rebhühnern, ich noch kein einziges Rebhuhn und sicher weniger Hasen als Wildschweine und viel weniger als Rehe. Die Zeiten haben sich geändert. Wir jagen heute hauptsächlich Wild, das unseren Vorfahren selten zur Beute wurde. Einen bloßen Niedergang vermag ich darin nicht zu erkennen.

Das bedeutet nicht, dass mir Hase und Rebhuhn oder auch Fasan und Kaninchen nicht am Herzen liegen. Außer dem Rebhuhn, das ein wirkliches Sorgenkind ist, kann ich diesem Wild in meinem südhessischen Revier immer noch in bescheidenem Umfang nachstellen. Aber die großen Zeiten, in denen die Leiterwagen nach der Treibjagd überquollen, die sind vorbei. Dafür gibt es vielfältige Gründe. Die wichtigsten sind wohl die Intensivierung und die Beschleunigung der Landwirtschaft. Hase und Rebhuhn wanderten als Steppentiere erst nach Mitteleuropa ein, als dort der Wald weithin gerodet und der Boden unter den Pflug genommen worden war. Bis in die Mitte des vorigen Jahrhunderts ging es in dieser bäuerlichen Kulturlandschaft gemächlich zu. Die Bestellung der Felder und die Ernte dauerten Wochen. Das Wild hatte Zeit, sich auf saisonale Veränderungen seines Lebensraumes einzustellen. Auf Brachen, an Wegrändern und Gräben, in Hecken und Remisen fand es Äsung und Deckung. Heute schaffen Maschinen in Stunden, wofür früher tagelange Schufterei nötig war. Die Landschaft ist den Maschinen angepasst. Was ihren Einsatz stört, verschwindet. Es ist immer dasselbe: Im Frühjahr keimt die Hoffnung, überall sitzen Hasen auf der frischen Saat. Im Herbst, nach mehrfachem Spritzen mit Herbiziden und Insektiziden, nach mehreren Güllegaben und nach der Ernte, sind sie zum großen Teil verschwunden.

Man weiß ziemlich genau, was Hase und Rebhuhn brauchen und was ihnen schadet. Jäger investieren viel Zeit in sogenannte Lebensraumverbesserungen, legen Feldgehölze an, pachten Flächen als Wildäcker, überzeugen die Landwirte davon, nicht auch noch den letzten Zentimeter am Rand von Wirtschaftswegen umzupflügen. Blühstreifen, die die Artenvielfalt an Pflanzen, Insekten und Vögeln in der Feldflur vergrößern sollen, werden öffentlich gefördert. In den riesigen Maisschlägen werden Schussschneisen angelegt, damit überhaupt eine Chance besteht, an die Wildschweine heranzukommen. Die Kräuter, die dort wachsen, dienen dem Niederwild als Nahrung und Deckung. Man kann mit solchen Maßnahmen punktuell einiges bewirken. Immerhin scheint sich die Hasenstrecke in Deutschland bei knapp einer halben Million zu stabilisieren. Sie ist regional allerdings sehr ungleich verteilt. In Brandenburg und Mecklenburg-Vorpommern, den klassischen Ländern großflächiger Landwirtschaft, zählt sie nach Hunderten, in Bayern, Nordrhein-Westfalen und Niedersachsen übersteigt sie die Hunderttausendermarke. Das Rebhuhn dagegen spielt nirgendwo mehr eine jagdliche Rolle.

Die Jäger haben die Hühnerjagd praktisch aufgegeben. Neben der Treibjagd auf Hasen war sie lange Zeit der Inbegriff bäuerlicher und bürgerlicher Jagd. Man traf sich am Sonntagnachmittag und streifte mit Vorstehhunden über die Rübenfelder. Dort sitzen die Rebhühner im Herbst am liebsten. Die Freude an der Arbeit der Hunde, die weiträumig vor den Jägern suchen und in der Bewegung erstarren, wenn sie frische Wildwitterung in die Nase bekommen, war ebenso wichtig wie die schmackhafte Beute, die ihren Weg regelmäßig auf die Speisekarten der Landgasthäuser fand.

Auch in Heiner Sindels Gasthaus im fränkischen Feuchtwangen gab es im Herbst Rebhühner. Anfang der Achtzigerjahre verschwanden sie von der Speisekarte. Immer mehr Bauern gaben auf und mit ihnen offenbar die Hühner. Je weniger Bauern immer größere Flächen bestellen, desto weniger Rebhühner gibt es. Dieser Verlust an kleinräumigen Strukturen in der Landschaft bewirkt für die Hasen im Prinzip dasselbe. Nur ist der Effekt wegen der sprichwörtlichen Fortpflanzungsfreude von Lepus europaeus nicht ganz so dramatisch. Auch dort, wo es eigentlich gar keine Hasen mehr geben dürfte, sind immer noch ein paar übrig.

Heiner Sindel ist Gastwirt, Teichwirt – Feuchtwangen liegt mitten im fränkischen Karpfenland – und Jäger. Als die Rebhühner verschwanden, wurde er zum Aktivisten. Ein »Rebhuhnprogramm ›Artenreiche Flur‹«, das die Bemühungen von Jägern, Naturschützern, Landwirten, Wissenschaftlern und Kommunalpolitikern um die rebhuhngerechte Verbesserung der Lebensräume bündelte, sollte die Wende bringen. Den Hühnern half es nicht. Aber es erweiterte den Blick der Beteiligten. Aus dem Rebhuhnschutzprogramm ist nach 30 Jahren ein bundesweites Netzwerk von Regionalinitiativen geworden, das sich gegen die ökologische, wirtschaftliche und kulturelle Verarmung des ländlichen Raumes stemmt. Als »Bundesverband der Regionalbewegung in Deutschland« hat es sich inzwischen auch eine für die Lobbyarbeit taugliche organisatorische Form gegeben. Denn es verschwinden ja nicht nur die Rebhühner, sondern auch die Wirtshäuser, die Handwerksbetriebe, die Einzelhandelsgeschäfte, die Dorfschulen, die Landärzte und vieles mehr. Das Rebhuhn ist zum Symbol für den Niedergang, aber auch für das beginnende Wiedererwachen der Dörfer geworden.

Einmal im Jahr, im Spätherbst, wenn die Teiche abgefischt werden, fahre ich nach Feuchtwangen. In Sindels Gasthaus sitzt abends eine bunte Truppe aus Jägern, Förstern, Journalisten, Krimiautoren, Wildbiologen und eingeschworenen Liebhabern regionaler Küche zusammen. Wir essen gebackene Karpfen, trinken fränkisches Bier und reden uns die Köpfe heiß über das Dorf und die Stadt, die Globalisierung und das gute Leben. Am nächsten Morgen gehen wir auf die Jagd. Rebhühner sind natürlich tabu. Doch die Teichlandschaft hat anderes zu bieten, in herrlicher Fülle. Wir treiben die Enten, die zu Hunderten im Schilf liegen. Die Stockente, Stammform der Hausente und in jedem Stadtpark heimisch, steht als anpassungsfähige Allerweltsart dafür, dass die Jäger auch heute und in Zukunft die Schrotflinte nicht im Schrank lassen müssen. Sie ist nicht allein. Graugans, Saatgans und Kanadagans sind inzwischen fast überall in Deutschland heimisch oder tauchen zur Zugzeit auch dort auf, wo man bis vor einigen Jahren noch gar nicht wusste, wie eine Wildgans aussieht. Die Nilgans, zoologisch eigentlich eine Ente, stammt aus Afrika. Sie war ein beliebtes Parkgeflügel. Heute ist sie ein häufiges, weitverbreitetes Wild, das in den Bundesländern nach und nach in den Katalog der jagdbaren Arten aufgenommen wird. Über Tauben müsste man noch reden, insbesondere über Ringeltauben, die zuweilen in riesigen Schwärmen über das Land ziehen. Doch das würde zu weit führen. Ich möchte nur dem Eindruck entgegenwirken, es gäbe außer Reh, Hirsch und Sau nichts zu jagen. Mir jedenfalls geht es so, dass ich die Möglichkeiten, die sich bieten, bei Weitem nicht alle nutzen kann.

In meinem Dorf halten wir an der Tradition der jährlichen Hasenjagd fest. Sie findet allerdings nur statt, wenn wir vorher genügend Hasen gezählt haben. Das geschieht nachts. Wir fahren mit dem Auto immer dieselbe Teststrecke ab. Einer fährt, einer leuchtet mit einem starken Scheinwerfer die Felder ab, einer führt eine Strichliste. Das muss spät im Jahr geschehen, wenn die Äcker kahl sind oder die Wintersaat gerade aufgelaufen ist. Vor allem auf diesen Saatschlägen sind die Hasen nachts unterwegs. Wenn wir auf der Strecke mindestens 25 Hasen zählen, kann die Jagd stattfinden. Wir bejagen in jedem Jahr höchstens die Hälfte des Reviers. In der anderen Hälfte haben die Hasen ihre Ruhe.

Bei einem Kesseltreiben müssen alle Beteiligten wissen, worauf es ankommt. Früher konnte man das voraussetzen. Die Treiber lernten ihr Geschäft von Kindesbeinen an und sammelten Erfahrungen auf vielen Jagden. Meist waren es Bauern oder auch Industriearbeiter, die ein Stück Land bewirtschafteten. Sie kannten das Revier besser als die eingeladenen Jäger und wussten, wo die Hasen liegen. Die Jäger waren zumeist sichere Flintenschützen. Der Schrotschuss auf sich bewegende Ziele wie Hasen, Hühner oder Fasane war ihr jagdlicher Alltag, der Kugelschuss aus der Büchse auf den Rehbock oder das Wildschwein die Ausnahme. Heute kann das alles nicht mehr vorausgesetzt werden. Umso wichtiger ist es, dass »die alten Hasen«, die es noch gibt, ihre Erfahrungen weitergeben. Es ist schön, dass sich zur Treibjagd Jahr für Jahr immer dieselben langsam verwitternden Gesichter einfinden. Und es lässt aufatmen, dass jedes Jahr doch auch wieder Junge dabei sind, die so eine Jagd einmal mitmachen wollen. Manchmal lade ich Kollegen der schreibenden Zunft ein. Auch berühmte Karikaturisten haben sich als Treiber schon durch dichte Schilfverhaue gekämpft. Und alle sind beeindruckt von der fast schon exotischen Bodenständigkeit des Ereignisses Treibjagd.

Bevor das Kesseltreiben beginnen kann, muss der Kessel erst einmal ausgelaufen werden. Vom Sammelpunkt aus werden zwei große Halbkreise gebildet, die sich fern am Horizont zu einem Kreis von etwa einem Kilometer Durchmesser verbinden. Es gehen abwechselnd Jäger und Treiber. Der Jagdleiter, der die Leute losschickt, muss darauf achten, dass die Hunde ungefähr gleichmäßig verteilt sind, damit angeschossenes Wild sofort gesucht werden kann. Dasselbe gilt für die Jagdhörner, die bei dieser Jagdart nicht nur von folkloristischer Bedeutung sind.

Ist der Kessel geschlossen, gehen alle auf dessen Mittelpunkt zu. Die Treiber rufen »hopp, hopp«, hauen mit Stecken auf den Boden und geben alle nur denkbaren Geräusche von sich. Wichtig ist es, keine großen Lücken aufreißen zu lassen und Einbuchtungen, sogenannte Säcke, zu vermeiden. Denn die Hasen finden jeden Ausweg und scheinen ein Gespür dafür zu haben, wo, wegen gegenseitiger Gefährdung der Jäger, nicht geschossen werden kann. Die Alten erzählen, die Kessel hätten früher nach dem Anblasen zu kochen begonnen. Fünfzig, sechzig Hasen seien in einem Treiben zur Strecke gekommen. Wenn es heute fünf oder zehn sind – und mindestens ebenso viele entkommen –, sind wir sehr zufrieden. Bei vier oder fünf Treiben kommt so doch eine ansehnliche Strecke zusammen.

Ist der Kessel so eng geworden, dass in ihn ohne Gefährdung der Treiber und Jäger nicht mehr hineingeschossen werden kann, wird das Signal »Treiber rein« geblasen. Die Jäger bleiben stehen, die Treiber bewegen sich zum Kesselmittelpunkt. Geschossen werden darf nur noch nach außen. Die Schützen müssen die Hasen also erst zwischen sich hindurchpassieren lassen, bevor sie schießen. Sind die Treiber in der Mitte alle versammelt, wird abgeblasen. »Hahn in Ruh'« heißt das Signal. Es bedeutet nicht, dass die Hähne – etwa Fasanen- oder Auerhähne – in Ruhe gelassen, sondern dass die Flinten entladen und aufgeklappt werden müssen. In früherer Zeit hieß das, die Hähne der Gewehre entspannen, sie in Ruhestellung bringen. Als letztes Treiben folgt das Schüsseltreiben. Davon wird noch die Rede sein.

Manchmal liegen nach der Hasenjagd auch einige Füchse auf der Strecke. Dann ist die Freude besonders groß. Im Spätherbst tragen die Füchse einen wunderschönen, dichten Balg, für den man früher gute Preise erzielen konnte. Heute besinnen sich das Kürschnerhandwerk und die Kunden erst langsam wieder auf heimisches Pelzwerk, das nicht auf die Tiere quälende Weise in Pelztierfarmen gewonnen wurde. Ich fürchte aber, dass die meisten erlegten Füchse nicht als Kragen oder warmes Mantelfutter einer sinnvollen Verwendung zugeführt, sondern vergraben werden. Und ich weiß, dass nicht der Balg das Hauptmotiv der Jäger ist, sondern der Hase. Ein toter Fuchs frisst keine Hasen mehr. Damit stecken wir in einem komplizierten moralischen und ökologischen Problem.

Der Landwirt, der Kartoffeln, Rüben oder Getreide ernten will, muss Schädlinge bekämpfen. Er tut das auf die konventionelle oder die ökologische Weise, er tut es aber auf jeden Fall. Darf der Jäger, der Hasen ernten will, dasselbe tun? Darf er deren Fressfeinde dezimieren, um selbst mehr Beute machen zu können? Der rechtliche Unterschied, dass die Feldfrüchte von Anfang an dem Bauern gehören, sein Eigentum sind, während die Hasen als »herrenloses Gut« niemandem gehören, solange der Jäger sie nicht erlegt hat, weist schon darauf hin, dass die Analogien hier bald an eine Grenze stoßen.

Für den noch bäuerlich denkenden Jäger ist die Sache klar. Er betrachtet den Hasen ebenso als Bodenfrucht wie die Kartoffel. Früher ordnete man den Hasen dem »Nutzwild« zu. Der königlich-bayerische Forstmeister Carl Emil Diezel schrieb in seinem heute noch aufgelegten Standardwerk *Diezels Niederjagd*, dass Hasen und Rebhühner wesentlich zur »Wirtschaftlichkeit« der Jagd beitrügen. Was sein Gedeihen behindert, wird also bekämpft – wobei wir schon an den ersten Widerspruch geraten, weil heute die Landwirtschaft selbst neben dem Wetter und Wildseuchen der mächtigste das Wohlergehen des Hasen beeinträchtigende Faktor ist. Hasenfreundlich seine Felder zu bestellen, wäre also das Beste, was der Bauernjäger für den Hasen tun kann. Es stellt sich allerdings die Frage, ob ihm die Hasen die damit verbundenen Ertragseinbußen wert wären.

Den Fressfeinden des Hasen nachzustellen, hat immer etwas von einer Ersatzhandlung. Eine spürbare Wirkung erzielt man mit der Jagd auf Raubwild nur, wenn die Hasenpopulation – dasselbe gilt für Rebhühner oder Fasane – unter so schlechten Allgemeinbedingungen existiert, dass die Reduzierung der Fressfeinde wie Sauerstoffzufuhr bei Herz- und Kreislaufkranken wirkt. Dann allerdings kann die Jagd den Zusammenbruch verhindern. Jedenfalls erscheint mir diese These plausibel. Es würde den Rahmen dieses Buches sprengen, wollte ich hier die wuchernde wissenschaftliche Debatte über den Einfluss der Jagd auf das Verhältnis Beutegreifer-Beute referieren. Dafür, dass die Raubwildbejagung als Hegemaßnahme für das Niederwild wirkungslos ist, lassen sich ebenso empirische Studien anführen wie für das Gegenteil. Es kommt sehr darauf an, wer der Auftraggeber dieser Arbeiten ist. Angenommen aber, die Raubwildjagd kann überhaupt dem Hasen und dem Rebhuhn und ihren Niederwild-Leidensgenossen nützen, dann genügt es sicherlich nicht, nur gelegentlich einen Fuchs zu schießen. Man muss systematisch vorgehen, jeden Bau ausgraben und den Füchsen mit Fallen zu Leibe rücken. So etwas wird leicht zu einem Fulltime-Job.

Und es sind ja nicht nur Füchse, denen der Hase schmeckt – übrigens nur als seltener Festtagsbraten, das Alltagsessen des Fuchses besteht aus Mäusen, Würmern, Käfern, Beeren, Abfällen und so weiter, er ist ein Generalist –, auch den Krähen und den Elstern, die in den meisten Bundesländern gejagt werden dürfen, und den

Greifvögeln wie Habicht und Bussard, die überall total geschützt sind, fällt mancher Junghase zum Opfer. Wo beginnen, wo aufhören? Mit verbissenem Eifer widmen sich manche Jäger der Raubwildbekämpfung – und können doch die mit Hasen und Rebhühnern gesegneten alten Zeiten nicht zurückholen. In jüngster Zeit ist es in Mode gekommen, regelrechte Massaker unter den Rabenkrähen anzurichten. Tarnkleidung und Lockvögel aus Plastik kommen dabei zum Einsatz. Es werden Lehrgänge für die Krähenjagd angeboten, Übungswochenenden, aus denen die Teilnehmer dann im schlimmsten Fall mit der Illusion in ihre Reviere heimkehren, nun den Schlüssel zur Überwindung der »Niederwildmisere« in der Hand zu halten. Was machen sie, wenn sie ein Dutzend oder auch fünf Dutzend schwarze Vögel erbeutet haben? Auf den Hasenbesatz hat das keinen messbaren Einfluss. Kochen sie eine schmackhafte Krähensuppe? Nein, sie verfüttern sie an die Wildschweine, was ein kompletter Unsinn ist. Und es bleibt der Verdacht, dass die armen Krähen am Ende doch nur für ein Schießvergnügen herhalten müssen.

Es ist wahr: Die Möglichkeiten der Jäger, dem unter ökologischem Druck stehenden Niederwild und damit auch vielen Arten zu helfen, die gar nicht gejagt werden, sind begrenzt. Eine davon ist die Dezimierung des Raubwildes. Niemand sonst kann und darf das. Doch das fördert einen Tunnelblick, eine böse Fixierung auf diese »Schädlinge«. Dass es in der Regel nur bei martialischen Worten bleibt und die »konsequente Raubwildbejagung« in den meisten Revieren graue Theorie bleibt – die Wildschweinjagd fordert den Jägern wegen des finanziellen Risikos der Wildschäden am Ende doch viel mehr Zeit und Einsatz ab –, ist ein schwacher Trost. Es ist die Mentalität der Füchse und Krähen vernichtenden Hasenretter, die die Jagd vergiftet.

Sich als Superregulator am Mischpult der Natur zu fühlen, ist die moderne Form jägerischen Größenwahns. Von diesem hohen Ross sollten Jagd und Jäger so schnell wie möglich herunter. Den Fuchs oder den Marder des Balges wegen zu erbeuten, ist eine klare, anständige Sache. Irgendwelche Hintergedanken, die mit ökologischem Gleichgewicht und solchen Dingen zu tun haben, sollten dabei nicht im Spiel sein. Die Jäger sind nicht allein auf der Welt. Und so sehr sie oft angefeindet werden, so selbstverständlich erwartet die Gesellschaft dann doch, dass sie Ordnung schaffen, wo etwas unordentlich zu sein scheint. Wenn die Füchse die Zuchtanlage des Geflügelvereins ins Visier nehmen, wird nach dem Jäger gerufen. Wenn die Tollwut wieder einmal aufflackert, ist er als Vollzugsorgan der Veterinärbehörde verpflichtet, jeden Fuchs zu töten, dessen er habhaft werden kann. Wenn die Rabenkrähen sich nicht über Rebhuhnküken, sondern über die Erdbeerfelder eines Landwirts hermachen, dann müssen einige schwarze Gesellen fallen, damit sie als Vogelscheuche am Galgen die Artgenossen abschrecken. Warum auch sollten Krähen anders behandelt werden als Wildschweine, die sich an Feldfrüchten vergehen, oder als Rehe, die junge Bäume zerknabbern? Hier tut sich gleich eine ganze Kaskade an Widersprüchen auf, in denen sich auch der Jäger verheddert, der nur treu und brav seinen Braten oder seinen Pelz aus der Natur holen möchte.

Um ihn herum ist Geschrei. Die Hardliner unter den Jägern rufen zum Krieg gegen das Raubwild. Radikale Förster machen gegen Hirsch und Reh mobil. Alle streiten für höhere Ziele, das ökologische Gleichgewicht, den naturnahen Wald. Nur ein toter Fuchs ist ein guter Fuchs, sagen die einen, nur ein totes Reh ein gutes Reh die anderen. Oder genauer: Sie werfen sich gegenseitig vor, genau so zu denken. Die Naturschutzverbände und die Grünen stehen eher auf der Seite der Ökoförster. Je grüner das Milieu wird, desto rigoroser sind die Forderungen nach drastischer Reduktion der Rot- und Rehwildbestände. Den Krähen und den Füchsen soll dagegen kein Haar gekrümmt werden, denn das wäre ja ein verwerflicher Eingriff in die natürliche Regulation. Auf der konservativen Seite des politischen Spektrums haben Fuchs und Krähe weniger Freunde, den Rothirsch hingegen schätzt man hier als Kulturgut. Das immer noch überwiegend von der CSU regierte Bayern stellt da wie so oft eine Ausnahme dar. Nirgendwo sind die Jagd- und Forstgesetze waldfreundlicher und schalenwildfeindlicher. In Bayern gilt offiziell »Wald vor Wild«. Damit ist immerhin ehrlich ausgesprochen, was gar nicht anders sein kann: Die Jagd dient dem Wald und nicht der Wald der Jagd.

Von alldem wusste ich nichts, als ich meine Hasen von der Treibjagd nach Hause schleppte. Die Hasen würden jetzt einige Tage am Holzschuppen hängen, dann würde der Vater ihnen den Balg über die Ohren ziehen und sie ausweiden. Am Samstag würde es »Hasenpfeffer« geben aus den Vorderläufen, dem Kopf, den Rippen, dem Blut und den Innereien, am Sonntag den

Braten – Rücken und Keulen –, dazu Kartoffelklöße und Feldsalat. Schon im Kindergottesdienst würde mir das Wasser im Mund zusammenlaufen bei dem Gedanken daran. Hasenbraten, das hieß so viel wie Glück.

ZEHNTES KAPITEL

Das Schüsseltreiben

Wenn viele Jäger einem erlegten Wild als »letzten Bissen« einen Zweig ins Maul stecken, wollen sie dem getöteten Tier Respekt erweisen. Sie verweilen dann auch bloßen Hauptes eine Weile bei ihm, bevor sie mit der »roten Arbeit«, dem Ausweiden, beginnen. Kann sein, dass sie es auch noch verblasen, »Sau tot«, »Reh tot«. Ich will mich darüber nicht lustig machen. Ein Urteil über die Motive, die den einzelnen Jäger zu solchen Ritualen greifen lassen, maße ich mir nicht an. Warum sollte man ihn dafür kritisieren, dass das Töten für ihn nicht gleichgültige Routine ist? Ratlos lassen mich allerdings solche Jäger zurück, die sich gar nicht dafür interessieren, was mit dem toten Tier nach seiner brauchtumsgerechten Ehrung geschieht. Erst in der Küche ist die Jagd wirklich zu Ende. Den größten Respekt erweist der Jäger seiner Beute, indem er sie ordentlich zubereitet. Da mag sich der eine oder andere vornehme Edelweidmann noch über die Fleisch- und Kochtopfjäger erhaben fühlen – es wird nichts daran ändern, dass Rehrücken und Hirschkeule, Hasenschlegel und Fasanenbrust immer noch die sympathischsten Botschafter der Jagd sind, zumal in Zeiten, in denen natürliche, authentische, regionale und handwerklich verarbeitete Lebensmittel für immer mehr Menschen zu einem guten Leben gehören.

»'s gibt nichts Dummers als die Jagd«, singt der Tischler Valentin, Bediensteter des Schlossherren Julius von Flottwell, in Ferdinand Raimunds Märchen- und Zauberstück *Der Verschwender*. Quasi höchste präsidiale Weihen bekam solches Unverständnis für Jagd und Jäger durch Bundespräsident Theodor Heuss, dessen Ausspruch, die Jagd sei eine »Nebenform menschlicher Geisteskrankheit«, jedem Jagdverächter geläufig ist. Doch so wenig Heuss einem Rehbraten abgeneigt war, so wenig kann sich auch Raimunds Valentin vorstellen, dass es ohne Jäger geht. In der Schlussstrophe seines Couplets heißt es: »'s Wildpret will man auch genießen, folglich muß doch einer schießen. Bratne Schnepfen, Haselhühner, Gott, wie schätzen die die Wiener! Und ich stimm mit ihnen ein: Jagd und Wildpret müssen sein.«

Als Lieferant köstlichen Wildprets – heutzutage allerdings am allerwenigsten Schnepfen und Haselhühner – wird der Jäger zwar in den Augen der Öffentlichkeit noch nicht zum Edelmenschen, aber der Status eines nützlichen Idioten ist doch das Mindeste, was die meisten ihm zubilligen. Die Jagdverbände und die Forstverwaltungen der Bundesländer haben längst gelernt, dass sie dem Wildbret, seiner Vermarktung, seiner Popularisierung lange Zeit viel zu wenig Aufmerksamkeit schenkten. Heute ist das anders. Dahinter steht nicht nur ein langsam spürbarer Wandel in der Jagdmotivation weg von der Trophäe, hin zum Fleisch. Für die gewaltig gestiegenen Schalenwildstrecken mussten neue Absatzwege gefunden und musste zusätzliche Nachfrage erzeugt werden. Deshalb betätigen sich Landesforstverwaltungen auch als Herausgeber von regionalen Wildkochbüchern. Viele Forstämter unterhalten Waldläden, in denen Wildfleisch küchenfertig angeboten wird. Und auf den Internetseiten der Landesjagdverbände kann jeder Interessent schnell die Adresse des nächsten Jägers erfahren, der Wild anzubieten hat. Etwa 18000 Tonnen Wildschweine – gerechnet wird immer mit Fell, aber ohne Innereien –, 12000 Tonnen Rehe, 4000 Tonnen Rothirsche und 2000 Tonnen Damhirsche kommen jährlich aus deutschen Jagdrevieren auf den Markt. Der Wert des gesamten Wildbrets – gerechnet wird hier wieder der Abnahmepreis ganzer Stücke im Fell – beläuft sich auf etwa 180 Millionen Euro.

Zäh hält sich das Vorurteil, es sei kompliziert und aufwändig, Wildfleisch zuzubereiten. Muss man Rehkeulen nicht in Rotwein und Essig beizen oder in Buttermilch mürbe machen? Verlangt der Rehrücken nicht, mit Speckstreifen gespickt zu werden? Bedeutet Wildbretküche nicht ein virtuoses Hantieren mit schwer zu dosierenden Gewürzen wie Wacholder, Nelke, Zimt, Koriander? Und wartet am Ende nicht gebieterisch die Krönung des Ganzen durch schwere Soßen? In der Tat: Schaut man in Kochbücher der Sechziger- und Siebzigerjahre, kann man sich Wildbret schnell abgewöhnen. Es ist nötig, das alles zu vergessen. Wild lässt sich zubereiten wie jedes andere Fleisch auch, es braucht keine besondere Vorbereitung und schon gar nicht die Übertönung seines Eigenaromas durch Gewürzmischungen, die eher für ein Lebkuchenrezept passen. All dieser Aufwand des Marinierens, Beizens und gewürzten Aufbrezelns rührt noch aus den Zeiten, in denen der Kampf gegen die Verwesung mangels Kühltechnik nicht zu gewinnen war und vergammeltem Fleisch deshalb die besondere Note eines Hautgout angedichtet wurde. Einem Rehrücken muss kein Fremdfett zugeführt werden, bevor man ihn im Backofen als »Braten« umständlich zu Tode gart. Ausgelöst und in Medaillons geschnitten braucht er nur Salz, groben Pfeffer, ein paar gehackte Kräuter, vielleicht ein bisschen Knoblauch und einen kurzen Kontakt mit heißem Fett in der Pfanne. Wer das nicht gegessen hat, weiß nicht, was Fleisch sein kann.

Doch halt. Wir wollen uns jetzt nicht gleich auf die Filetstücke stürzen. Wildküche ist Aufklärung, ein zuweilen mühsamer Weg aus selbst verschuldeter kulinarischer Unmündigkeit. Unmündig ist jener Fleischesser, der im Teil nicht mehr das ganze Tier erkennt und nur noch solche Teile isst, in denen das Bild vom Ganzen so weit wie möglich getilgt ist: Schnitzel, Gulasch, Filet, Hackfleischklopse und so weiter. Immer seltener werden vor Metzgereien die Reklameschilder mit einladend lachenden Schweinchen. Ein ganzes Hähnchen oder Suppenhuhn ohne Kopf und Füße ist das Äußerste an Ganzkörperlichkeit, das man in den Kühltheken der Supermärkte findet. Wer einen Schweins- oder Kalbskopf kaufen möchte, der muss sich dafür mit dem Metzger seines Vertrauens – wohl dem, der einen solchen hat! – unter konspirativen Umständen verabreden und darf sich das Teil keinesfalls unter den Augen anderer Kunden einpacken lassen. Modernen Schlachthöfen und der ganzen industriellen Fleischverarbeitung darf man zwar zugutehalten, dass kein Teil der Schlachttiere unverwertet bleibt. Aber sie nehmen dem Konsumenten eben auch das Wissen und die Sorge um die ordentliche

Verwertung eines getöteten Tieres ab und liefern ihm mundgerechte Stücke. Sie haben ihm ein ganzes Universum an Alltagswissen und Lebenskunst entrissen. Die Wildküche lädt dazu ein, sich das alles wieder zurückzuholen. Man ist es allein schon dem getöteten Tier schuldig, dass so wenig wie möglich von ihm als Abfall übrig bleibt.

Diesem Ideal sind in der Wirklichkeit natürliche Grenzen gesetzt. Obwohl aus Rehleder die feinsten Handschuhe und die besten Fensterleder gefertigt werden können, findet man als Jäger doch kaum einen Abnehmer für das Fell. Als Fußmatte eignet es sich kaum. Die Kosten für das Gerben lägen zudem nahe am Wert des Wildbrets. Und was wollte ein Jäger, der zehn oder zwölf Rehe im Jahr schießt, mit all diesen Fellen? Ich bringe die Rehfelle, die jägersprachlich »Decken« heißen, also wieder zurück ins Revier, wo sie verrotten. Denselben Weg nehmen heute leider auch Hasenbälge, die früher ein gesuchter Rohstoff zur Herstellung von Hutfilz waren. Einzelne Exemplare der Wildschweinschwarten kann sich, wer das wohnlich findet, an die Wand hängen. Auch als Lager für den Hund eignen sie sich in gegerbtem Zustand gut. Dasselbe lässt sich von einer Gamsdecke und einer Dachsschwarte sagen, die von meinen Hunden so intensiv in Gebrauch genommen wurden, dass heute kein einziges Haar mehr an ihnen ist. Kurzum, für all das, was das Wildbret umhüllt, für Haut und Haare, gibt es nur begrenzt eine sinnvolle Verwendung – was natürlich nicht gilt für die Tiere, die man ihres Balges wegen jagt, also vor allem für den Fuchs. Hier heißt es, keine Mühen und manchmal auch keine Kosten zu scheuen, um den wertvollen Rohstoff Pelz nicht verkommen zu lassen.

Jetzt kommen wir zu dem, was in dem Tier drin ist. Die Eingeweide und Innereien holt man ja schon unmittelbar nach dem Erlegen heraus. Lunge, Herz, Leber und Nieren gehören zum sogenannten »kleinen Jägerrecht«. Der Erleger, sofern er auch selbst die »rote Arbeit« verrichtet hat, darf sie mitnehmen, auch wenn er das übrige Wild abliefern oder kaufen muss, was immer dann der Fall ist, wenn er nicht als Eigentümer oder Pächter, sondern als Jagdgast in einem Revier jagt. Geht die Beute allerdings an den Wildgroßhandel, müssen die Innereien mitgeliefert werden. Viele Jäger lassen die Innereien den Füchsen und Krähen und verwerten höchstens die Leber – es gibt keine bessere als die eines jungen Rehs oder eines Hirschkalbs –, doch auch aus Herz und Nieren, ja sogar aus der Lunge lassen sich schmackhafte Gerichte zubereiten. Wer das nicht mag, sollte wenigstens seinem Hund eine Freude damit machen.

Der Pansen der Wiederkäuer – dazu gehören außer den Wildschweinen alle Schalenwildarten – wurde schon bei den mittelalterlichen Hetzjagden nach einem festen Ritual an die Hunde verfüttert: Nach einer Ansprache stürzte sich die Meute darauf und verschlang ihn in wenigen Minuten. In Frankreich, wo Parforcejagden auf Hirsche nach wie vor erlaubt sind, kann man solche Szenen heute noch beobachten. Wer nicht gerade in einer städtischen Etagenwohnung lebt, sollte seinem Hund den Pansen gönnen. Es ist nicht zu vermeiden, dass sich dabei intensive Gerüche entfalten. Den Hunden schmeckt das außerordentlich. Wahrscheinlich fühlen sie sich ins wölfische Paradies zurückversetzt.

Zu den Innereien zählen auch Hirn und Zunge. Sie werden leicht vergessen, weil der Kopf allzu oft zusammen mit dem Fell in der Abfalltonne verschwindet. Aus den Knochen schließlich lässt sich mit Wurzelgemüse ein Fond bereiten, für den es in der Küche vielfältige Verwendungsmöglichkeiten gibt. So kann also zum Beispiel aus einem Reh ein regelrechter kulinarischer Strauß entstehen, bevor man die eigentlichen Bratenstücke überhaupt angefasst hat.

Es ist ein Glück, dass im Zuge der Rückbesinnung auf traditionelle, bodenständige Kochkunst die Innereien wieder in die Küche zurückkehren. Das Schnitzelzeitalter neigt sich seinem Ende zu. Einer, der schon immer den Gedanken hochgehalten hat, dass es an einem Stück Wild fast nichts gibt, was nicht gegessen werden kann, war mein leider viel zu früh verstorbener Journalisten- und Jägerkollege Olgierd Expeditus Johann Graf Kujawski, ein Mann geheimnisvoller Herkunft und großer katholischer Glaubensinbrunst. Es hieß, er entstamme uraltem polnischen Adel. Über viele Jahre hinweg sind wir uns regelmäßig im Reinhardswald begegnet, wenn der hessische Landwirtschaftsminister Journalisten zur »Medienjagd« einlud. Mit heiligem Zorn geißelte Kujawski nach der Jagd beim Schüsseltreiben die mangelnde Achtung, die manche Jäger dem Wildbret entgegenbrächten. Im Bewusstsein der Jäger mussten das Fleisch und seine Qualität Vorrang vor dem Erbeuten einer begehrenswerten Trophäe haben. Spöttisch nannten wir ihn den Wildbrethygiene-Papst, weil er unablässig einen sorgfältigen Umgang mit dem Rohstoff predigte, den die Jäger erbeuten. Er hatte recht. Heute ist die Gewinnung von Wildbret als hochwertigem Nahrungsmittel zu einem Hauptfach in der Jägerausbildung aufgerückt. Ältere Jäger mussten sich Nachschulungen auf diesem Gebiet unterziehen, um nach dem Lebensmittelrecht als »kundige Person« zu gelten, die am erlegten Wild Krankheitszeichen erkennen und entscheiden kann, ob es zum Verzehr geeignet ist oder erst einer amtlichen Fleischuntersuchung unterzogen werden muss. Das jährlich erscheinende Handbuch des Deutschen Jagdverbandes beginnt jetzt mit einer umfangreichen Darstellung der wildhygienischen Vorschriften – und nicht etwa mit den Regeln zur Trophäenbewertung oder einem Glossar der Jägersprache. Kujawski sähe das mit Genugtuung. Seine besondere Liebe galt den Innereien.

Beginnen wir also, ihm zu Ehren, unser Festmahl mit Rehzungen und Rehnieren. Wir haben das Jahr über fleißig gejagt und genügend davon im Gefrierschrank. Die Zungen kann man pökeln, man muss es aber nicht. Verzichtet man aufs Pökeln – zwei bis drei Tage in einer Lake aus Wasser und Pökelsalz, anschließend das ausgiebige Wässern nicht vergessen –, muss man sie länger kochen. Nach etwa eineinhalb Stunden sollten sie so weich sein, dass sie von der Gabel fallen. Danach unter kaltem Wasser abschrecken und die raue Außenhaut abziehen. Das Kochwasser kann man mit Zwiebeln, Pfefferkörnern, Lorbeerblatt, Wacholderbeere und Nelke aromatisieren. Die Zungen werden in Scheiben geschnitten und mit einer Vinaigrette-Soße aus Olivenöl,

Himbeeressig und Schalotten angerichtet. Dazu gibt es Kartoffel- und Feldsalat.

Die Nierchen müssen der Länge nach halbiert, gehäutet und in Essigwasser gewässert werden. Danach kocht man sie eine halbe Stunde lang und wälzt sie, gesalzen und gepfeffert, in einem Teig aus Mehl, Bier und Eiern. In diesem Teigmantel werden sie ausgebacken. Wer ein Faible für die asiatische Küche hat, kann dazu süßsaure oder scharfe Soßen auf Soja- und Honigbasis reichen. Weniger aufwändig ist es, dünne Nierenscheiben in Butter anzubraten und Zwiebeln, Pfifferlinge und Petersilie dazuzugeben. Stammen die Zungen und die Nieren von Rehen aus meinem südhessischen Revier, gehört dazu zwingend ein Weißwein von der Bergstraße, einem Anbaugebiet, dem leider immer noch nicht die Wertschätzung zuteil wird, die es verdient. Es wachsen hier nicht nur staubtrockene Rieslinge, sondern auch fruchtiger Weißburgunder. Wahrscheinlich hat es überhaupt nichts zu bedeuten, dass Wein und Reh auf annähernd demselben Boden gewachsen sind. Es ist einfach nur ein schöner Gedanke.

Über den Boden, der Wein und Rehe hervorbrachte, flogen die Ringeltauben, die wir mit feinem Schrot vom Himmel holten. Wir machten uns die Mühe, sie zu rupfen, also nicht nur die Brust auszulösen, weil aus ihnen Taubensuppe gekocht werden sollte. Das geht wie Hühnersuppe. Taubensuppe wird allerdings lange nicht so fett. Mit den Vögeln kocht man Lauch, Sellerie, Möhren, ein bisschen Liebstöckelkraut und schöpft sorgfältig immer wieder den Schaum ab. Das Fleisch kommt entweder klein gewürfelt in die klare Brühe, oder man hebt es auf, um daraus einen Salat zu bereiten. Wir bereiten mit dem überaus bekömmlichen, Körper und Seele stärkenden Taubensüppchen unsere Mägen auf das vor, was noch kommt.

Jetzt ist der Hase dran. Wir wollen an dieser Stelle der Speisenfolge keinen schweren Braten und befolgen deshalb einen Tipp des großen Wildkochs Karl-Josef Fuchs aus dem Schwarzwälder Münstertal. Bei Hasen besteht immer die Gefahr, dass das Fleisch im Backofen zu trocken wird. Wir haben deshalb die Rückenfilets von den Knochen gelöst und in dünne Speckscheiben gewickelt. Man kann auf den Speck allerdings auch verzichten, wenn man die Filets ordentlich mit Öl einpinselt. Sie werden in der Pfanne kurz angebraten und danach im mäßig warmen Backofen kurze Zeit – etwa acht Minuten – gegart. Innen sollten sie noch rosa sein. Es macht sich gut, einige Salbeizweige mit zu rösten. Dazu essen wir den Kartoffel- und den Feldsalat, den es zu den Rehzungen schon gab. Wir wollen es schließlich nicht übertreiben. Was den Wein angeht, ist es jetzt Zeit, in Richtung Rot umzuschwenken. Damit es ein fließender Übergang wird, kann man den Spätburgunder ja zunächst einmal als Weißherbst zu sich nehmen.

Beim Hauptgang erhebt sich nun die Frage: Reh, Sau oder Hirsch? Wer bei den Berliner Forsten einen Frischling schießt, der weniger als 15 Kilo wiegt, bekommt ihn geschenkt. Die Wildhändler haben kein Interesse an solchen Schweinchen. Wir schon. Ein kleiner Frischling ist zart und saftig. Man kann ihn am Stück braten. In einer normal dimensionierten Küche mit Töpfen und Pfannen im Kleinfamilien-Format empfiehlt es sich allerdings, ihn in seine Hauptteile Rücken, Keulen und Vorderblätter zu zerlegen. Den – kurzen – Hals und den Kopf lassen wir weg. Daraus lässt sich noch eine Sülze machen. In einer großen Kasserolle brät man die Teile scharf an. Beim weiteren Garen im Backofen ist schonend zu verfahren. 150 Grad genügen. Welche Gesellschaft man dem Frischling beigibt, ist Geschmackssache. Man darf seiner Fantasie freien Lauf lassen. Ein Bett aus Wurzelgemüse, Zwiebeln und Knoblauch tut ihm gut. Ein Schuss Rotwein und ein Rosmarinzweig dürfen nicht fehlen. Es ist aber auch möglich, sich an traditionellen Schweinebraten-Rezepten zu orientieren, denn Wildschweinfleisch, zumal das von ganz jungen Tieren, schmeckt so, wie Hausschwein eigentlich schmecken sollte. Schwarzbier und Kümmel vertragen sich also auch gut mit dem Frischling, und gern liegt er bei Maronen. Sollte außer frischem Brot noch eine Beilage nötig sein, bieten sich Schupfnudeln aus Kartoffelteig an.

Es war mühsam, den Frischling aus dichtem Brombeergestrüpp zu bergen. Wir holten uns blutige Kratzer im Gesicht und an den Händen. Das Blut vermischte sich mit einer anderen roten Flüssigkeit, dem süßen Beerensaft. Damit war die Nachtischfrage geklärt. Die Brombeeren gibt es ebenso umsonst wie den Frischling. Wir pürieren sie und rühren sie in einen Schaum aus Zucker und Eigelb. Dieses Gemisch heben wir unter eine große Portion Schlagsahne und stellen das Ganze einige Stunden ins Gefrierfach. Einen Teil des Brombeerpürees heben wir auf und gießen es als mit Cassis verfeinerte Fruchtsoße über das Parfait. Nachdem wir uns diese süße Sünde haben auf der Zunge zergehen lassen, setzt ein Obstbrand den Schlusspunkt.

Wir kommen ins Träumen. Wie wird es mit Jagd und Jägern weitergehen? Nach einem guten Essen bin ich Optimist und kann mir nicht vorstellen, dass sich die Menschen in den Städten und auch die auf dem Land noch weiter von der Natur und ihrer Nutzung entfremden. Es gibt viele Zeichen für eine Wende. Wenn ich frühmorgens mit meinem Hund spazieren gehe, höre ich mitten in Berlin einen Hahn krähen. Irgendjemand also muss sich auf dem Balkon oder im Hinterhof Geflügel halten. Dieser Avantgardist wird nicht allein bleiben. Gegärtnert wird in den Städten ohnehin schon fleißig. Selbstversorgung löst zwar die ökonomischen Widersprüche des Finanzkapitalismus nicht, aber sie lässt einen den Irrsinn der globalen Märkte etwas gelassener ertragen. Entscheidend ist die Idee, das kulturelle Konzept, sich als freies Individuum direkt und praktisch an der Urproduktion zu beteiligen, ein bisschen wenigstens Bauer, Fischer oder Jäger zu sein. »Zurück zur Natur«, das ist keine romantische Parole der Weltflucht, sondern die eines neuen Wirklichkeitssinns. Es muss nicht jeder Kartoffeln anbauen, Schafe züchten, Fische fangen oder Wildschweine jagen. Aber es wäre doch ein großes Bildungsziel, dass es im Prinzip jeder können muss. Wie viel mediale Hysterie um Landwirtschaft, Tierschutz oder Jagd bliebe uns erspart, wenn die Gesellschaft insgesamt auf diesen Feldern erfahrener, wissender und realistischer wäre! Was spräche eigentlich dagegen, Landwirtschaft, Forstwirtschaft und Jagd zu einem Schulfach, ein Grundwissen davon zu einem

Teil des Bildungskanons zu machen? Und welch verqueres Bildungsverständnis spricht eigentlich daraus, dass gerade Gebildete damit kokettieren, davon keine Ahnung zu haben?

In meinen Träumen hat die Jagd alles Exklusive, Abgeschottete, folkloristisch Verzopfte oder gar Geheimnisvolle abgestreift. Jäger führen sich nicht mehr als Halbgötter in Grün auf, die letztinstanzlich für »Ordnung« in der Natur sorgen. Sie sind zuerst einmal Spezialisten der Erbeutung von Wildbret, also Naturnutzer wie Landwirte, Fischer oder Imker, und leiten daraus ebenso bescheiden wie selbstbewusst ihr Ethos ab. Angewandter Naturschutz ist die Jagd, indem sie dafür sorgt, dass die von ihr genutzten Naturgüter erhalten bleiben und nachwachsen können. Gibt es Interessenkonflikte zwischen landwirtschaftlicher, forstwirtschaftlicher und jagdlicher Nutzung der Kulturlandschaft, müssen sich die Jäger den Prioritäten fügen, die letztlich von der Gesellschaft gesetzt werden. Dabei haben sie selbst aber auch, wie alle anderen, ein Wörtchen mitzureden, was aber voraussetzt, dass sie reden und sich nicht in ihrer grünen Subkultur verbarrikadieren, um verbissen das Recht zu verteidigen, Hauskatzen oder Eichelhäher totzuschießen. Jeder Mensch träumt davon, von seinen Mitmenschen gemocht zu werden. Ich träume davon, dass sie mich gerade deshalb mögen, weil ich ein Jäger bin. Tun sie es nicht, na gut, dann sollen sie es eben bleiben lassen.

Wer sich schnell einen Eindruck davon verschaffen will, was deutsche Jäger gegenwärtig umtreibt, der besorgt sich am besten im gut sortierten Zeitschriftenhandel die aktuellen Ausgaben der Jagdzeitschriften. *Wild und Hund* ist wohl die bekannteste. Sie erscheint zweimal monatlich im Paul Parey Verlag. Der bringt auch die *Deutsche Jagdzeitung* heraus, ein Monatsmagazin. Im Deutschen Landwirtschaftsverlag erscheinen vierzehntäglich *Die Pirsch* und monatlich *Unsere Jagd*, die ehemalige Jagdzeitschrift der DDR, die immer noch vor allem östlich der Elbe gelesen wird. Aus dem Hamburger Jahr Top Special Verlag kommt die Zeitschrift *Jäger*. *ÖkoJagd* ist ein Zweimonatsmagazin des Ökologischen Jagdverbands. Im Internet sind diese Zeitschriften mit umfangreichen Websites präsent, zum Beispiel www.wildundhund.de oder www.jagderleben.de.

Als allgemeine jagdhistorische Einführung liest man am besten Werner Röseners *Die Geschichte der Jagd. Kultur, Gesellschaft und Jagd im Wandel der Zeit*, erschienen 2004 bei Artemis & Winkler.

Ins Zentrum der aktuellen jagdpolitischen Debatten führt *Jagdwende. Vom Edelhobby zum ökologischen Handwerk* von dem Forstwissenschaftler Wilhelm Bode und Elisabeth Emmert, der Bundesvorsitzenden des Öko-Jagdverbandes (Verlag C.H. Beck, 1998).

Über Hirsche hat Wilhelm Bode jüngst ein Portrait in der

Reihe Naturkunden veröffentlicht (Matthes & Seitz Berlin). Klaus Mayleins *Die Jagd. Von den Treibjagden der Steinzeit bis ins 21. Jahrhundert* (Tectum Verlag) bietet 1000 Seiten soziologische Theorie.

Weitere neuere jagdpolitische Klassiker sind Heribert Kalchreuters *Die Sache mit der Jagd* (Kosmos Verlag) und *Die Zukunft der Jagd und die Jäger der Zukunft* von Paul Müller (Neumann-Neudamm).

Anregend fand ich auch *Weidgerecht und nachhaltig. Die Entstehung der bürgerlichen Jagdkultur* von Dieter Stahmann (Neumann-Neudamm) sowie *Jagd 2000* von Bruno Hespeler (Nimrod Verlag), einem kritischen und erfahrenen Berufsjäger, Journalisten und Sachbuchautor.

Mit *Rehwild heute* und *Schwarzwild heute* (beide BLV Verlagsgesellschaft) hat Hespeler auch zwei Monografien auf dem neuesten Stand der wildbiologischen Forschung zu diesen beiden jagdlich wichtigsten Wildarten verfasst.

Die umfangreiche wildkundliche Fachliteratur hier aufzuführen, würde zu weit führen. Wer über Rehe und Hirsche genau Bescheid wissen will, kommt an den immer wieder aktualisierten Klassikern *Das Rehwild* und *Das Rotwild* (Paul Parey Verlag) des Altmeisters Ferdinand von Raesfeld, seines Zeichens Forstmeister auf dem Darß, nicht vorbei.

Christoph Stubbes *Rehwild. Biologie, Ökologie, Bewirtschaftung* (Kosmos Verlag) ist etwas für diejenigen, die es noch genauer wissen wollen. Burkhard Stöcker, Forstwissenschaftler, Jäger, Fotograf, Autor, hat kürzlich einen opulenten Bildband über den Rothirsch vorgelegt, in dem die Rolle, die dieser große Pflanzenfresser im Naturhaushalt spielt, nicht nur unter dem Wildschadens-Paradigma anschaulich dargestellt wird: *Der König der Wälder* (im Kosmos Verlag).

Ausdrücklich erwähnen will ich hier Andreas Gautschi. Der Schweizer Forstwissenschaftler lebt seit vielen Jahren in Polen, in der Rominter Heide. Niemand hat so intensiv wie er die Geschichte der Jagd unter dem Nationalsozialismus erforscht. Mit seinen Monografien über Hermann Göring *Der Reichsjägermeister. Fakten und Legenden um Hermann Göring* und den Oberforstmeister Walter Frevert, der im Krieg die Grenze von der Hirschjagd zur Menschenjagd überschritt, (*Walter Frevert. Eines Weidmanns Wechsel und Wege*) versucht er zwar, Jagdreform und politische Verbrechen im Dritten Reich zu trennen, aber er scheut eben auch nicht davor zurück, die Verstrickung der deutschen Jagd- und Forstelite in den Vernichtungskrieg beim Namen zu nennen. Weiterer Verehrung des Brauchtums- und Rotwildpapstes Frevert in der heutigen Jägerschaft sollte durch Gautschis Forschungen eigentlich der Boden entzogen sein. Beide Bücher sind im Nimrod Verlag erschienen.

Von stärker allgemeinhistorischem Interesse getragen sind die beiden reich illustrierten Bücher, die Volker Knopf zusammen mit Stefan Martens und Uwe Neumärker über Görings Jagdkult geschrieben hat: *Görings Reich. Selbstinszenierung in Carinhall* und *Görings Revier. Jagd und Politik in der Rominter Heide*. Beide sind im Ch. Links Verlag erschienen.

Zur Jagd in der DDR gibt es noch wenig Literatur. Christoph Stubbes *Die Jagd in der DDR* (Nimrod) muss als das aus intimer eigener Kenntnis geschriebene Standardwerk gelten.

Die Leser werden gemerkt haben, dass mich Hunde und Wölfe besonders leidenschaftlich interessieren. Dem Wolf habe ich 2014 ein eigenes Buch gewidmet (*Rückkehr der Wölfe. Wie ein Heimkehrer unser Leben verändert*, erschienen bei Riemann und 2016 als Taschenbuch bei Goldmann).

Aus der unübersehbaren Literatur will ich nur einige Bücher herausgreifen. An erster Stelle sind die Monografien *Der Wolf* (Knesebeck) und *Der Hund* (Goldmann) von Erik Zimen zu nennen. Zimen hat mir die Augen für die kulturgeschichtliche Schlüsselszene der Domestikation des Wolfes zum Hund geöffnet.

Wölfe in Deutschland von Beatrix Stoepel (Hoffmann und Campe) erzählt die Geschichte der Lausitzer Wölfe bis 2004. Mit vorzüglichen Fotos wartet der Bildband *Deutschlands wilde Wölfe* von Axel Gomille auf (Frederking & Thaler 2016).

Eine Chronik der laufenden Ereignisse nicht nur in Sachsen bietet die Internetseite www.wolf-sachsen.de des »Kontaktbüros Wölfe in Sachsen«. Seit Mai 2017 gibt es auch ein Internetportal des Bundes zum Wolf. Die »Dokumentations- und Beratungsstelle des Bundes zum Thema Wolf« fasst alle Monitoringergebnisse aus den Ländern übersichtlich zusammen (www.dbb-wolf.de). Der Wildbiologe und Wolfsexperte Ulrich Wotschikowsky betreibt die Seite www.woelfeindeutschland.de. Die Seite www.wolfsmonitor.de registriert sehr genau das mediale Geschehen um die Wölfe.

Wer in die Geschichte der Jagdhunde eintauchen und ein Bild von der Vielfalt ihrer Rassen und Schläge gewinnen will, dem sei die *Enzyklopädie der Jagdhunde* von Hans Räber empfohlen (Kosmos). Auch nach Jahren finde ich in dieser Schwarte immer wieder Dinge, die ich noch nicht wusste, die mich erstaunen, amüsieren und begeistern.

Eckhard Fuhr, geboren 1954 in Hessen, studierte Geschichte und Soziologie und war politischer Redakteur bei der *Frankfurter Allgemeinen Zeitung*. Seit 2010 arbeitet er als Korrespondent für Kultur und Gesellschaft für *Die Welt*. Bei Matthes & Seitz Berlin erschien zuletzt in der Reihe der Naturkunden sein Portrait über Schafe.

Matthes & Seitz Berlin · Paperback · 012

Erste Auflage dieser Ausgabe 2019

MSB Matthes & Seitz Berlin Verlagsgesellschaft mbH
Göhrener Straße 7, 10437 Berlin
info@matthes-seitz-berlin.de
Der hier abgedruckte Text erschien erstmals
bei Bastei Lübbe, 2012.
Diese Ausgabe wurde überarbeitet und
um ein Kapitel erweitert.

Umschlaggestaltung: Pauline Altmann, Berlin
Satz: Michael Rosenlehner, Berlin
Druck und Bindung: GGP Media GmbH, Pößneck
ISBN 978-3-95757-760-3
www.matthes-seitz-berlin.de